奶业

质量管控
理论与实践

Naiye

Zhiliang Guankong Lilun yu Shijian

张书义 ◎ 编著

中国农业出版社
北　京

作者简介

　　张书义，1963 年生，男，研究员，国家高级乳品评鉴师。工作单位：全国畜牧总站。1988 年毕业于东北农业大学畜产品加工专业，曾任国有大型乳品企业的质检室主任、质量管理办公室主任、工程技术经理、生产部长、奶源部长、总调度、副厂长、厂长，以及中国奶业协会副秘书长、国家学生饮用奶奶源示范基地创建指导组组长等职。曾赴荷兰、德国、日本、美国、加拿大等国多次研修。负责组织验收 140 多个全国学生饮用奶奶源示范基地的创建，参加建设 3 座现代化乳品厂。参与《乳品质量安全监督管理条例》等国务院和相关部委重要奶业法规文件制订。

　　主编《奶业科普百问》《动动奶酪又何妨》等，主创奶业科普动漫《一头奶牛的自白》《一杯奶满满的幸福》，参编《中国奶业史》（通史卷、专史卷）、《中国学生饮用奶奶源基地建设探索与实践》《乳品工程师实用技术手册》等图书 10 余部，发表《原料乳体细胞数与纤溶酶活性的相关性研究》《中国 60 年奶牛营养与饲料研究进展及饲养工艺的改进》等论文 50 多篇。参与制订《良好农业规范 第 8 部分：奶牛控制点与符合性规范》《危害分析与关键控制点（HACCP）体系 乳制品生产企业要求》等国家和行业标准 30 多项。

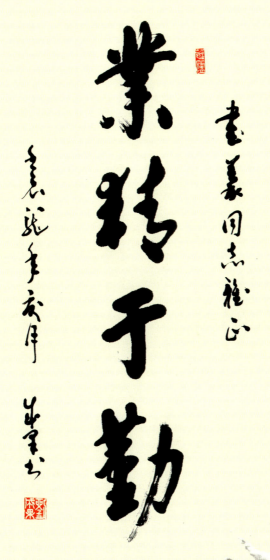

业精于勤

　　原农业部常务副部长、中国奶业协会理事长刘成果为作者欣然题词"业精于勤"，勉励作者不断刻苦钻研，为奶业健康发展勤奋工作，取得新成绩，做出新贡献。

新冠肺炎疫情期间，应出版社约稿，倾心尽力写了这本书。服务于营养、健康、安全，是每一个负责任的奶业人念念不忘的初心。纵有疾风流沙起，还看游侠策马行。

谨以此书，献给自己热爱的奶业。

内 容 简 介

　　奶业质量安全内涵广泛，影响质量安全的要素很多，涵盖饲草料种植、奶畜养殖、挤奶操作、生乳贮藏与运输，以及乳制品生产和研发、原辅料及包装材料使用、设施保障、贮藏配送、市场销售终端及从业者技能素质等一系列环节。本书以奶业质量安全为核心，从理论和实践的角度对奶业生产中各环节的质量安全管控做了详细论述。作者总结 30 多年的从业经历和体验，运用微生物学、营养学、检验分析学等理论，围绕奶业质量概念、生乳安全保障、内源或外源性生物与化学的可能影响、乳与乳制品生产关键环节等进行了系统阐述。

　　全书共分奶畜与乳及乳制品要义、与乳有关微生物的管控与分析、可能潜在外源污染的管控与分析、生产关键环节的管控与分析等四个专题和八项技术附录，合计近 20 万字，具有极强的针对性、科学性和实用性，可供全国奶业管理、生鲜乳监管、奶畜养殖、乳制品加工、质量监督检验、安全风险评估、食品安全标准管理、质量认证评定等从业者参考，也可作为科研单位和大专院校动物科学及食品等专业的教材。

自序

PREFACE

我的家乡黑龙江省安达市位于东北松嫩平原腹地，享有"中国奶牛之乡""中国婴乳之乡""中国羊草之乡""中国奶酪之乡"等美誉，是著名"红星牌"奶粉的发祥地。当年，滨洲铁路专线直通安达乳品厂库区，所产"红星牌"奶粉国家统一调配，供应全国，哺育了共和国三代人。从儿时在乳品厂附近玩耍，到考入东北农业大学畜产品加工专业，从毕业分配进入北京市牛奶公司，到如今在全国奶业技术推广道路上笃定远行，自己与奶业结下了不解之缘。

青涩懵懂——

谈到质量安全，有两件事让我至今难忘。

20 世纪 70 年代，有一天，时任安达乳品厂厂长的舅舅孙惠武神情凝重地说："别看我今天是厂长，奶粉一旦出事，明天就得蹲监狱。"后来才知，当时安达乳品厂牵头带动周边几家厂子一起搞联营，由于放牧时奶牛大量饮用草原上含芒硝的水源，致使某厂奶粉硝酸盐指标异常，幸亏及时发现，否则问题奶粉流入市场，后果不堪设想。朴素无华就是真，舅舅寥寥几句，勾勒出奶业人的责任与担当，也使少年时期的我意识到，奶粉安全可是天大的事。

在东北农业大学（原东北农学院）学习时，我的恩师、中国乳业泰斗骆承庠教授在给我们上的第一节专业课上就指出，安达地区的羊草质量非常好。他说，若把草地上的羊草点燃，烧尽的草梗仍然会直立不倒，原因就是安达的羊草蛋白质含量高，蛋白质焦煳所致，所以安达的奶牛好，牛奶更好。骆老师课堂上说的这个"安达羊草燃尽不倒"的事例，几十年过去，印象依然很深，高质量的羊草对于奶牛和牛奶至关重要。

敦本务实——

自 1988 年大学毕业参加工作后，我一直亲历奶业生产实践和行业管理，先后从事乳制品生产与质量管理、奶源质量监管和奶牛场奶源调度、奶牛 GAP 与乳制品 HACCP 评定、学生饮用奶奶源基地管理等工作。其间，曾受北京市牛奶公司指派，担任 1990 年北京第十一届亚运会运动员村的巴氏杀菌乳、干酪、奶油等特供乳制品毒理学的首检员。自感谙习奶业，自诩"奶业游侠"，但说实话，从未想过独立撰写质量安全方面的著作，毕竟这一话题比较敏感，也非常沉重，恐不能当。

2007—2010 年，我应邀参加农业部、工业和信息化部及国家质量监督检验检疫总局等部委组织的全国奶业专项整治等一系列重要工作和奶业质量安全巡讲活动，结合工作实践，逐步形成了一套自用的质量安全讲义。后受邀赴黑龙江、湖南、山西等地专题讲座，颇受欢迎。多位朋友曾建议我著书出版，但当时主要投身生产实践，也懒于应付出书版务的琐事，只是稍加整理作"乳业生产安全概论"讲义稿赠送身边同仁，也算是对朋友建议的交代。

悄然顿悟——

2018 年 6 月，国务院印发《国务院办公厅关于推进奶业振兴保障乳品质量安全的意见》。同年，农业农村部、国家发展和改革委员会等九部委联合印发《关于进一步促进奶业振兴的若干意见》。我参加督导、调研，落实政策措施，东奔西走忙碌之余，深感全行业迫切需要一部紧密结合生产实际的质量安全技术文献，探讨质量管控要义，服务奶业安全体系建设，避免表面化、空洞化和形式化。这一想法常常萦绕心中，愈发强烈，挥之不去。

此期间，由我主编的《奶业科普百问》和《动动奶酪又何妨》发行量激增，赢得业内好评，深受广大读者喜爱。中国农业出版社提议约稿再出新书。2020 年年初，全国人民众志成城，共抗新冠肺炎疫情，我应邀参加央广网和行业协会多期牛奶科普宣传活动，再次深深感受到消费者对乳制品质量安全的关注，决定接受出版社的邀请，编写一部奶业质量安全著作，于是对讲义原稿进行了大面积修订完善。

质量心声——

准确理解应用奶业安全管理知识，充分识别和有效控制各种危害因素，是保证乳制品安全的关键，也是奶业全产业链所有参与者的共同责任。为了区别于其他奶业专业书，本书对基本生产和质量常识只做了概要性描述，重点介绍了与奶业安全密切相关的节点内容，侧重全产业链的潜在安全风险分析与管控，突出专业性和针对性，兼顾不同层面读者的需求。

由少年懵懂，到前辈教诲，再到亲身实践，最大的感悟就是：奶业从业者始终要有如履薄冰的意识，一刻不能放松。所有的潜在安全风险因素——无论是经法律法规和相关技术标准确定的，还是国内外风险评估预警已经达成共识的，抑或是生产实践已验证的，须通过构建完整的技术标准体系、制度管理体系和生产操作体系，方能实现有效控制。因此，做好奶业质量安全，重在落实具体细节。同时，许多环节并不完全是纯技术问题，更多在于管理者和一线从业者能否按照既定方法持之以恒地坚守和贯彻。

　　驻笔抬首，踱步窗前，自家宅院里的榆叶梅已花满枝头。30 多年的奶业实践和工作体会，举要删芜，含毫吮墨近 20 万字，力求切中奶业质量安全要点。犹记得原农业部常务副部长刘成果倡导的"勤、智、诚"行业精神，我始终牢记心间，在写作过程中一以贯之。借此书阐述对建立完善奶业质量安全保障体系的个人理解和看法，权作抛砖引玉，期望千虑一得，为实现奶业高质量发展尽绵薄之力。

2020 年 3 月 12 日　于北京回龙观

　　奶业是现代农业和食品工业的重要组成部分，是健康中国、强壮民族不可或缺的产业，是食品安全的代表性产业，也是农业现代化的标志性产业和一二三产业协调发展的战略性产业。党中央、国务院高度重视奶业健康发展，2018年《国务院办公厅关于推进奶业振兴保障乳品质量安全的意见》明确指出，要加快构建奶业质量安全保障体系，促进奶业高质量发展。

　　奶业的产业链紧密度非常高，涵盖饲草料种植、奶畜养殖、挤奶操作、生乳贮藏与运输，乃至乳制品生产研发、原辅料及包装材料使用、设备设施保障、贮藏与配送、市场销售终端及从业者技能素质等一系列环节。这一庞大系统工程中，影响质量安全的要素很多。如何构建奶业质量安全保障体系，有效防控全产业链各环节潜在的质量安全风险，是奶业高质量健康发展的重要课题。

　　本书紧紧围绕质量安全核心，从理论和实践的角度对奶业生产中各环节的质量安全分析与管控做了详细的系统性论述。作者总结30多年的从业经历和体验，运用相关的微生物学、营养学、检验分析学等技术理论与实践，针对奶业质量概念、生乳安全保障、内源或外源性生物与化学的可能影响、乳与乳制品生产关键环节及其要点进行深入阐述，为构建与强化奶业质量保障体系提供技术支撑。

全书共分四个专题和八项技术附录，合计近 20 万字，具有极强的针对性、科学性和实用性，可供全国奶业管理、生鲜乳监管、奶畜养殖、乳制品加工、质量监督检验、安全风险评估、食品安全标准管理、质量认证评定等从业者参考，也可作为科研单位和大专院校动物科学及食品等专业的教材。

知不足，然后能自反也；知困，然后能自强也。质量安全永远在路上。奶业质量安全保障体系内涵广泛，无论何时，紧密结合生产实际，不断探索，革故鼎新，始终保持对各种可能潜在风险影响因素的持续关注、科学研究和分析总结并施以实时管控非常重要。书中所述观点与分析仅代表个人看法。水平所限，不当之处敬请业内专家学者和同仁批评指正。

本书编写得到农业农村部畜牧兽医局杨振海、王俊勋等领导的鼓励和指导，东北农业大学许晓曦，山东省食品药品检验研究院田洪芸，国家奶业科技创新联盟王加启、张养东、柳梅、郝欣雨，中国农业大学李胜利，全国畜牧总站丁健、田蕊，中国奶业协会陈兵，光明乳业股份有限公司刘振民，北京三元食品股份有限公司林莉，农业农村部机关服务局门建清，中国农垦经济发展中心贡蓄民，人民日报社郁静娴，中国兽医药品监察所杨京岚等的鼎力支持，在此表示诚挚谢意。

张书义

目录

自序
前言

专题一　奶畜与乳及乳制品要义…………………… 1

一、奶畜与生乳………………………………………… 1

（一）奶畜 …………………………………………… 1

1. 奶畜品种与奶源 ……………………………… 1

（1）奶畜品种 ………………………………… 1

（2）特色奶源 ………………………………… 2

2. 养殖转型升级 ………………………………… 3

（1）政策措施 ………………………………… 3

（2）转型提质 ………………………………… 4

3. 奶站监管和生乳监测 ………………………… 4

（1）动态监管 ………………………………… 4

（2）质量监测 ………………………………… 5

（二）生乳 …………………………………………… 5

1. 常乳与初乳 …………………………………… 5

2. 生乳用途要求 ………………………………… 6

（1）质量分级 ………………………………… 6

（2）分级标准 ………………………………… 7

（三）乳的营养 ……………………………………… 8

1. 乳蛋白 ⋯⋯⋯⋯⋯⋯⋯⋯⋯⋯⋯⋯⋯⋯⋯⋯⋯⋯ 8

2. 乳脂肪 ⋯⋯⋯⋯⋯⋯⋯⋯⋯⋯⋯⋯⋯⋯⋯⋯⋯⋯ 8

3. 乳糖 ⋯⋯⋯⋯⋯⋯⋯⋯⋯⋯⋯⋯⋯⋯⋯⋯⋯⋯⋯ 9

4. 其他成分 ⋯⋯⋯⋯⋯⋯⋯⋯⋯⋯⋯⋯⋯⋯⋯⋯ 9

二、概念和要义 ⋯⋯⋯⋯⋯⋯⋯⋯⋯⋯⋯⋯⋯⋯⋯⋯ 12

（一）奶业有关质量管理概念 ⋯⋯⋯⋯⋯⋯⋯⋯ 12

1. 奶牛 GAP ⋯⋯⋯⋯⋯⋯⋯⋯⋯⋯⋯⋯⋯⋯⋯ 12

2. 乳制品 HACCP ⋯⋯⋯⋯⋯⋯⋯⋯⋯⋯⋯⋯ 12

3. GAP 和 HACCP 在奶业的应用 ⋯⋯⋯⋯⋯ 13

4. 乳制品 GMP ⋯⋯⋯⋯⋯⋯⋯⋯⋯⋯⋯⋯⋯ 14

5. SOP 与 SSOP ⋯⋯⋯⋯⋯⋯⋯⋯⋯⋯⋯⋯⋯ 14

（二）奶牛场安全要义 ⋯⋯⋯⋯⋯⋯⋯⋯⋯⋯⋯ 15

1. 卫生防疫 ⋯⋯⋯⋯⋯⋯⋯⋯⋯⋯⋯⋯⋯⋯⋯ 15

（1）引进牛的防疫 ⋯⋯⋯⋯⋯⋯⋯⋯⋯⋯ 15

（2）牛场免疫计划 ⋯⋯⋯⋯⋯⋯⋯⋯⋯⋯ 15

2. 临床治疗用药 ⋯⋯⋯⋯⋯⋯⋯⋯⋯⋯⋯⋯⋯ 16

3. 饲草料质量管控 ⋯⋯⋯⋯⋯⋯⋯⋯⋯⋯⋯⋯ 17

（1）饲料卫生安全 ⋯⋯⋯⋯⋯⋯⋯⋯⋯⋯ 17

（2）青贮、干草与精料 ⋯⋯⋯⋯⋯⋯⋯ 17

（3）预混料及舔砖 ⋯⋯⋯⋯⋯⋯⋯⋯⋯⋯ 18

4. 挤奶管理要点 ⋯⋯⋯⋯⋯⋯⋯⋯⋯⋯⋯⋯⋯ 18

（1）挤奶员要求 ⋯⋯⋯⋯⋯⋯⋯⋯⋯⋯⋯ 18

（2）挤奶规程 ⋯⋯⋯⋯⋯⋯⋯⋯⋯⋯⋯⋯ 19

（3）挤奶设备清洗 ⋯⋯⋯⋯⋯⋯⋯⋯⋯⋯ 20

5. 奶牛生理常数 ⋯⋯⋯⋯⋯⋯⋯⋯⋯⋯⋯⋯⋯ 21

6. 健康奶牛血液指标 ⋯⋯⋯⋯⋯⋯⋯⋯⋯⋯ 21

7. 奶牛代谢病监测 ⋯⋯⋯⋯⋯⋯⋯⋯⋯⋯⋯ 22

　　8. 生乳菌落总数 ……………………………………… 24

　　9. 生乳体细胞 ………………………………………… 25

　　10. 奶牛场水质 ……………………………………… 25

（三）乳制品 ……………………………………………… 27

　1. 概述 ……………………………………………… 27

　2. 乳制品"联产品"及相互关系 ………………………… 27

　3. 主要产品 ………………………………………… 28

　　（1）巴氏杀菌乳 …………………………………… 28

　　（2）灭菌乳 ……………………………………… 29

　　（3）酸乳 ………………………………………… 29

　　（4）乳粉 ………………………………………… 30

　　（5）炼乳 ………………………………………… 31

　　（6）干酪 ………………………………………… 32

　　（7）乳清粉 ……………………………………… 34

　　（8）稀奶油 ……………………………………… 34

　　（9）奶油 ………………………………………… 35

　　（10）干酪素 …………………………………… 35

　　（11）冰激凌 …………………………………… 35

三、习惯用语 …………………………………………… 36

（一）前（预）处理工序 ……………………………… 36

（二）生产工序 ………………………………………… 37

（三）产品用语 ………………………………………… 39

（四）包装设备 ………………………………………… 39

（五）质量品控 ………………………………………… 39

（六）设备设施 ………………………………………… 40

（七）其他用语 ………………………………………… 43

四、乳糖不耐与乳致过敏 …………………………… 43

（一）乳糖不耐 …………………………………… 43

（二）乳致过敏 …………………………………… 44

（三）标识与告知 ………………………………… 44

专题二 与乳有关微生物的管控与分析 ……………… 46

一、与乳有关微生物种类 …………………………… 46

二、可能的污染源 …………………………………… 46

（一）内源性 ……………………………………… 51

1. 途径和形式 ………………………………… 51

2. 预防与管控 ………………………………… 51

（二）外源性 ……………………………………… 52

1. 奶畜体表 …………………………………… 52

2. 环境空气 …………………………………… 52

3. 挤奶器具 …………………………………… 52

4. 人员操作 …………………………………… 53

5. 饲草料和垫草 ……………………………… 53

三、病原菌 …………………………………………… 53

（一）葡萄球菌属 ………………………………… 53

（二）球菌属 ……………………………………… 53

（三）弯曲杆菌属 ………………………………… 54

（四）耶尔森氏菌属 ……………………………… 54

（五）沙门氏菌属 ………………………………… 54

（六）大肠杆菌 …………………………………… 54

（七）李斯特氏菌属 ·· 56

（八）芽孢杆菌属 ·· 56

（九）梭菌属 ·· 57

（十）阪崎肠杆菌 ·· 57

四、有益微生物 ·· 58

（一）乳酸菌 ·· 58

1. 乳杆菌属 ·· 60

（1）乳杆菌性状及种类 ······································ 60

（2）乳杆菌应用 ·· 60

2. 乳球菌属 ·· 61

（1）乳球菌性状特征 ·· 61

（2）乳球菌应用 ·· 61

3. 链球菌属 ·· 61

（1）链球菌性状特征 ·· 61

（2）嗜热链球菌应用 ·· 61

（3）关键风味化合物 OVA ··································· 62

4. 明串珠菌属 ·· 63

（1）明串珠菌属性状特征 ···································· 63

（2）明串珠菌产香特性 ······································ 63

（二）丙酸杆菌属 ·· 63

1. 丙酸杆菌性状特征 ·· 63

2. 丙酸杆菌在干酪生产中的应用 ································· 64

（三）双歧杆菌属 ·· 64

1. 双歧杆菌性状特征 ·· 64

2. 双歧杆菌应用 ··· 64

五、嗜冷菌和耐热菌 ·· 65

（一）嗜冷菌 ·· 65

1. 嗜冷菌及其污染 ……………………………… 65

   （1）假单胞菌 ………………………………… 65

   （2）其他嗜冷菌 ……………………………… 67

2. 嗜冷性致病菌及其污染 ………………………… 68

   （1）需氧芽孢杆菌 …………………………… 68

   （2）嗜冷型芽孢杆菌 ………………………… 68

3. 嗜冷菌胞外酶 …………………………………… 68

   （1）蛋白酶 …………………………………… 69

   （2）脂肪酶 …………………………………… 69

   （3）磷酸酶 …………………………………… 69

4. 嗜冷菌对品质的影响 …………………………… 69

（二）耐热菌 …………………………………………… 70

1. 芽孢杆菌属 ……………………………………… 71

   （1）芽孢的形成 ……………………………… 71

   （2）芽孢杆菌毒素及其危害 ………………… 71

2. 梭状芽孢杆菌 …………………………………… 72

   （1）种类与风险 ……………………………… 72

   （2）污染来源 ………………………………… 73

   （3）对干酪和奶油的影响 …………………… 73

3. 棒状杆菌 ………………………………………… 74

（三）嗜冷菌和耐热菌限定标准与检验 …………… 74

1. 学生饮用奶"白雪计划"标准 ………………… 74

2. 嗜冷菌的检测 …………………………………… 75

   （1）检验方法 ………………………………… 75

   （2）非选择性培养基 ………………………… 75

   （3）选择性培养基 …………………………… 75

3. 耐热菌的检测 …………………………………… 75

   （1）耐热菌 …………………………………… 75

   （2）耐热芽孢 ………………………………… 76

（3）梭菌 ·· 76

（四）嗜冷菌和耐热菌控制 ······················ 76

  1. 乳品加工"第一车间" ······················ 77

  2. 关于"预杀菌" ···························· 77

  3. 除菌新技术 ································ 78

  4. 抑制芽孢生长 ······························ 78

专题三　可能潜在外源污染的管控与分析 ·············· 79

一、分析控制可能的药物污染 ······················ 79

（一）概述 ···································· 79

  1. 安全评价准则 ······························ 79

  2. 关于 ADI 和 MRL ·························· 80

  3. 数量风险评估 ······························ 80

（二）农药 ···································· 81

  1. 概述 ···································· 81

  2. 污染途径与防控 ·························· 82

  3. 法规与检测方法 ·························· 82

（三）抗菌药物 ································ 82

  1. 来源 ···································· 83

    （1）临床治疗 ·························· 83

    （2）不符合用药规定 ···················· 84

    （3）未执行休药规定 ···················· 84

    （4）挤奶环节污染 ···················· 84

  2. 残留管控 ································ 84

    （1）青霉素类 ·························· 85

    （2）头孢菌素类 ························ 86

    （3）氨基糖苷类 ························ 86

（4）四环素类 ·· 86

（5）大环内酯类 ·· 86

（6）磺胺类 ·· 86

（7）硝基呋喃类 ·· 87

3. 残留的影响 ··· 87

（1）对健康的影响 ··· 87

（2）对乳品生产的影响 ······································ 88

（3）环境的影响 ·· 89

4. 抗生素检测 ··· 89

（1）细菌抑菌试验法（微生物检测法）················· 89

（2）理化检测法 ·· 90

（3）免疫检测法 ·· 91

（四）其他 ·· 91

1. 非固醇类 ··· 91

2. 激素 ·· 91

3. 雌激素 ··· 92

（1）乳的雌激素浓度 ·· 92

（2）加工对雌激素的制约 ··································· 93

二、识别控制可能潜在的有害物质 ···························· 93

（一）消毒剂和杀菌剂 ·· 93

1. 预防控制 ··· 93

2. 种类与安全 ·· 94

（二）源于环境的可能污染 ····································· 94

1. 二噁英 ··· 94

（1）对健康的影响 ··· 95

（2）分析和检测 ·· 95

2. 聚氯联苯 ··· 95

（1）控制标准与限量 ·· 95

（2）对健康的影响 ·················· 95

（3）分析与检测 ·················· 96

3. 卤代烃类 ······················ 96

4. 重金属和非金属 ·················· 96

（1）限量规定 ···················· 96

（2）可能污染途径 ················· 97

（3）对健康的影响 ················· 97

（4）分析和检测 ·················· 97

5. 植物毒素 ······················ 97

（1）来源 ······················ 97

（2）对奶畜、生乳的影响 ············· 98

6. 其他 ·························· 98

（1）革皮水解物 ·················· 98

（2）硫氰酸钠 ···················· 99

（3）黄曲霉毒素 ·················· 99

（4）玉米赤霉烯酮、玉米赤霉醇 ········ 99

（5）反式脂肪酸 ·················· 101

（三）硝酸盐、亚硝酸盐 ·············· 103

1. 可能的污染途径 ·················· 103

（1）种养环节 ···················· 103

（2）乳品加工环节 ················· 105

2. 对健康的影响 ···················· 105

3. 测定分析 ······················ 105

三、包装材料安全 ····················· 106

（一）概述 ························ 106

（二）包装材料污染源种类 ·············· 107

1. 增塑剂 ························ 107

2. 双酚 A ························ 107

3. 聚苯乙烯 ……………………………………………… 107

4. 苯溶液及油墨 ………………………………………… 107

5. 光引发剂 ……………………………………………… 108

（三）包装材料检测项目 ………………………………… 108

1. 化学检测 ……………………………………………… 108

2. 物理检测 ……………………………………………… 108

（1）力学特性 ………………………………………… 108

（2）阻隔特性 ………………………………………… 108

（3）热学特性 ………………………………………… 108

（4）迁移特性 ………………………………………… 109

（5）光学特性 ………………………………………… 109

（四）法规与标准 ………………………………………… 109

（五）测定分析 …………………………………………… 109

专题四　生产关键环节的管控与分析 …………………… 111

一、生乳贮藏、运输及验收 ……………………………… 112

（一）生乳的冷却 ………………………………………… 112

1. 冷却与品质保障 ……………………………………… 112

（1）天然抗菌与神奇的 4℃ ………………………… 112

（2）冷却方式 ………………………………………… 113

2. 冷却中的变化 ………………………………………… 114

（1）低温菌生长 ……………………………………… 114

（2）世代间隔影响 …………………………………… 115

（二）生乳贮藏与运输 …………………………………… 115

1. 生乳的贮藏 …………………………………………… 115

（1）管控温度上限 …………………………………… 115

（2）贮乳罐要求 ……………………………………… 116

2. 生乳的运输 ································ 116

　(1) 保障运输条件 ······················ 116

　(2) 控制温度与时间 ···················· 117

　(3) 构建过程监控 ······················ 117

（三）生乳的验收 ·························· 118

1. 收购评价体系 ······················ 118

　(1) 密切养殖加工利益联结 ·············· 118

　(2) 价格协商与第三方检测试点 ·········· 118

2. 验收检验项目 ······················ 120

　(1) 感官指标 ························ 120

　(2) 理化指标 ························ 120

　(3) 污染物指标 ······················ 120

　(4) 真菌毒素指标 ···················· 120

　(5) 兽药残留指标 ···················· 120

　(6) 农药残留指标 ···················· 120

　(7) 微生物指标 ······················ 120

二、主要生产过程管控 ························ 121

（一）生乳的接收、贮存与标准化 ············ 121

1. 工艺流程 ·························· 121

2. 重要参数 ·························· 121

3. 过程控制 ·························· 122

4. 关于生乳的预杀菌 ·················· 122

（二）巴氏杀菌乳 ·························· 123

1. 生产加工 ·························· 123

2. 特点、特性与标准 ·················· 123

3. 重要参数与过程控制 ················ 124

（三）灭菌乳 ······························ 124

1. 生产加工 ……………………………………… 124

2. 特点、特性与标准 …………………………… 124

3. 重要参数与指标 ……………………………… 126

4. 主要过程控制 ………………………………… 126

5. 产品质量安全放行 …………………………… 127

　　（1）破坏性测试法 ………………………… 128

　　（2）非破坏性测试法 ……………………… 128

　　（3）氧压测试法 …………………………… 128

6. 质量缺陷"坏包" …………………………… 128

　　（1）原因分析 ……………………………… 128

　　（2）菌相分析 ……………………………… 129

（四）酸乳 …………………………………………… 129

1. 生产加工 ……………………………………… 129

2. 特点、特性与标准 …………………………… 129

3. 重要过程控制 ………………………………… 130

（五）乳粉 …………………………………………… 131

1. 生产加工 ……………………………………… 131

2. 特点、特性与标准 …………………………… 131

3. 过程控制共性要点 …………………………… 131

　　（1）浓缩工序 ……………………………… 131

　　（2）干燥塔及流化床 ……………………… 131

　　（3）原辅料 ………………………………… 132

　　（4）其他 …………………………………… 132

4. 婴幼儿配方乳粉 ……………………………… 132

　　（1）概述 …………………………………… 132

　　（2）全程控制要点 ………………………… 133

　　（3）配方中的蛋白含量设计 ……………… 134

　　（4）沙门氏菌防控 ………………………… 137

　　（5）阪崎肠杆菌防控 ……………………… 138

（6）氯指标及 DHA 的控制 ……………………………… 138

（7）感官质量改善 ……………………………………… 139

（六）炼乳 …………………………………………………… 140

1. 生产加工 …………………………………………… 140

2. 特点、特性与标准 ………………………………… 140

3. 重要提示 …………………………………………… 140

（七）奶油 …………………………………………………… 140

1. 生产加工 …………………………………………… 140

2. 特点、特性与标准 ………………………………… 142

3. 重要提示 …………………………………………… 142

（八）干酪 …………………………………………………… 142

1. 天然干酪 …………………………………………… 142

（1）特点、特性和标准 …………………………… 142

（2）重要提示 ……………………………………… 143

（3）干酪成熟度监测判定 ………………………… 144

（4）干酪发酵剂 …………………………………… 145

2. 再制干酪 …………………………………………… 145

（1）再制干酪生产 ………………………………… 145

（2）混料配方工艺 ………………………………… 146

（3）乳化盐 ………………………………………… 146

3. 干酪食品 …………………………………………… 146

（九）冰激凌 ………………………………………………… 147

1. 概述 ………………………………………………… 147

2. 生产与管控 ………………………………………… 148

（1）特点、特性和标准 …………………………… 148

（2）质量风险提示 ………………………………… 148

三、其他乳制品 …………………………………………………… 149

1. 产地与流通监管 …………………………………… 149

2. 质量鉴定与监测 ……………………………………………… 150

3. 关注浓缩蛋白类 ……………………………………………… 150

参考文献 ……………………………………………………… 151

附录 ………………………………………………………… 153

附录一 中国批准的奶牛药物休药期和弃奶期 …………… 153

附录二 食品动物禁用的兽药及其他化合物清单 ………… 162

附录三 中国和部分乳品贸易国（地区）及国际组织牛奶
中兽药最大残留限量（MRL）………………… 163

附录四 中国和部分乳品贸易国（地区）及国际组织牛奶
中农药最大残留限量（MRL）………………… 169

附录五 中国、欧盟、CAC 牛奶中重金属、霉菌毒素等
最大残留限量（MRL）…………………………… 187

附录六 乳制品和婴幼儿配方乳粉生产企业计算机系统
应用有关要求 …………………………………… 187

附录七 婴幼儿配方乳粉清洁作业区沙门氏菌、阪崎
肠杆菌等肠杆菌的环境监控指南 ……………… 189

附录八 奶业质量安全主要技术规范与标准 …………… 192

专题一

奶畜与乳及乳制品要义

奶是大自然赐予人类最接近完美的食物之一。我们中华民族饲养奶畜、食用乳制品的历史悠久。据考证，中国祖先早在新石器时代就开始了奶的利用。《汉书·西域转》《齐民要术·养牛篇》等古籍均记载了先人饲养奶畜与制作乳制品的方法，佐证古人对奶的营养早有认识，几千年华夏文明与奶文化密不可分。

1949年中华人民共和国成立以来，特别是改革开放后，中国奶业加快迈入产业化、规模化和现代化发展阶段。党的十八大以来，奶业深化供给侧改革，加快形成推动高质量发展的政策性体系、标准体系和统计体系，推动我国奶业在实现高质量发展上不断取得新进展，更好地满足人民群众个性化、多样化不断升级的乳制品需求。

一、奶畜与生乳

（一）奶畜

奶畜是指人们经过对产乳动物长期的定向选育，育成的专门为人类提供乳制品的产乳家畜（如荷斯坦牛、娟姗牛、奶山羊、奶水牛等）。乳已经成为当今世界人类最适宜食用的营养健康食品之源。目前，我国的奶牛品种主要是中国荷斯坦牛，存栏总量占绝对优势。

1. 奶畜品种与奶源

（1）奶畜品种 我国乳制品生产所用的生乳原料主要来自荷斯坦牛。此外，还有中国西门塔尔牛、娟姗牛、奶水牛、牦牛、三河牛、新疆褐牛等。我国奶山羊品种主要是关中奶山羊、西农萨能奶山羊，以及崂山奶山羊、文登奶山羊等，主要分布在陕西和山东等地，少量土根堡奶山羊主要在四川和云南等省。

我国已成为世界奶业生产大国之一。2018 年，奶类产量3 176.8 万 t，同比增长 0.9%，比 2013 年增长 1.9%。其中，牛奶产量 3 074.6 万 t，同比增长 1.2%；羊奶等其他奶类产量 102.2 万 t。奶类产量占全球总产量的 3.8%。

（2）特色奶源 2018 年，国务院办公厅印发《关于推进奶业振兴保障乳品质量安全的意见》，明确提出"积极发展乳肉兼用牛、奶水牛和奶山羊等其他奶畜生产，进一步丰富奶源结构"目标要求。未来，我国区域性特色奶畜资源将加快发展，为乳制品生产提供多种特色生鲜乳，不断丰富和完善市场乳制品品种，满足人民群众多元化、个性化消费需求。

随着特色奶畜养殖业发展，我国奶畜品种结构会更加合理。南方地区的奶水牛、娟姗牛等，中西北部地区的奶山羊以及西门塔尔牛、瑞士褐牛，东北地区的三河牛，内蒙古等地的短角牛等稳步发展，适应不同地域农业资源与地理气候条件。特色奶畜与特色奶源的健康发展，与产业化程度特别是生乳的合理利用密切相关，其乳制品的特色化、差异化和多样化是未来发展的必由之路。

奶山羊养殖业在部分地区形成特色奶业经济。我国奶山羊养殖主要集中在陕西、山东、河南、云南等地，其中约 40% 在陕西。2018 年，陕西省奶山羊存栏约 218 万只，羊奶年产量 57 万 t，以渭南、宝鸡、咸阳、西安为主的优势产业带聚集度不断提高，占全省的 77%，富平等 10 个奶山羊大县存栏和羊奶产量分别占全省的74% 和 55%。我国仅在藏北地区有绵羊挤奶情况，绵羊奶主要是当地牧民自用。全国其他地区绵羊挤奶情况极少。

我国南方奶水牛养殖业主要以广西、云南、湖北、福建、广东等 5 省（自治区）为代表。据不完全统计，上述 5 省（自治区）奶水牛存栏约 15 万头，约占全国的 38%。全国每年水牛奶产量 10万 t 左右，用于生产巴氏杀菌乳、酸乳、干酪及地方民族奶制品等，区域特色鲜明。但近些年，部分地区的水牛挤奶情况有减少趋势。

牦牛起源于我国，牦牛数量占全世界的 95% 以上，主要分布在青海、四川、甘肃、云南、西藏等地。2018 年，牦牛奶的产量约 30 万 t，成为高海拔地区极富特色的生乳资源。另外，乳肉兼用型奶畜（如西门塔尔牛等）兼顾良好乳肉生产性能和杂交改良效果，同时生乳品质优良，具有很大发展空间。

2. 养殖转型升级

近些年，农业农村部会同各部门、各地区多措并举，强化质量安全监管和奶源基地建设，持续推进奶业转型升级，促使奶畜养殖业转型升级步伐进一步加快。开展现代奶业建设，以优质安全、提质增效、绿色发展为核心目标，加快变革与创新。全面推广应用奶畜养殖机械化、信息化、智能化和关键技术，加强奶的源头管控，使生乳质量安全保障能力显著增强，奶畜养殖水平和综合实力提高。

（1）政策措施　农业农村部以奶业质量安全为核心，推进落实《国务院办公厅关于推进奶业振兴保障乳品质量安全的意见》相关要求，出台一系列扶持政策和措施保障奶业健康发展，将质量安全控制贯穿奶畜养殖全过程，提高奶牛养殖综合实力水平。

开展奶牛养殖标准化示范创建，支持奶牛养殖场改扩建、小区牧场化转型和家庭牧场发展，自 2008 年起累计投入资金 64.1 亿元。实施奶牛遗传改良计划，2008 年起投入资金 3.1 亿元，持续开展奶牛生产性能测定（DHI）工作。2018 年，组织对 1 500 个奶牛场 122 万头奶牛开展生产性能测定，提高饲养管理水平。

自 2012 年起，农业部、财政部实施振兴奶业苜蓿发展行动，提高国产苜蓿生产专业化、标准化、规模化和集约化水平，提高奶牛生产效率和生乳质量安全水平。截至 2018 年，已累计投入扶持资金 21 亿元，在河北等 13 个省份支持建设 3.33 万 hm² 高产优质苜蓿基地，提高奶牛优质饲草料供应能力。

2018 年，全国优质苜蓿种植面积 36.67 万 hm²，产量220 万 t，比 2013 年增加 118.9 万 t，能够满足 200 万头奶牛需求。2018 年，全国粮改饲试点面积已超过 93.33 万 hm²。支持 197 个畜禽养殖大县开展畜禽粪污处理利用，提升奶牛养殖粪污资源化利用能力。

（2）转型提质　2018 年，全国荷斯坦牛平均年单产牛奶提高到 7.4t，同比增长 0.4t。对 1 500 多个存栏 100 头以上的规模牧场奶牛生产性能测定显示，奶牛平均日产奶 29.9kg，折合年单产 9.1t。存栏 100 头以上规模养殖场 5 124 个，存栏 100 头以上奶牛规模养殖比重达到 61.4%，同比提高 3.1 个百分点，集约化规模养殖水平进一步提升。荷斯坦牛规模牧场 100% 实现了机械化挤奶，93% 的牧场实施全混合日粮饲喂技术，配备 TMR 搅拌设备。

农业农村部畜牧兽医局和国家奶牛产业技术体系联合启动奶牛"金钥匙"技术示范现场会巡回活动，成功组建了"奶业技术服务创新联盟"，有效促成技术优势与管理优势最佳互补，为全国奶牛养殖场专门构建第三方公益性技术服务机制。"金钥匙"活动至今已连续举办 10 年，累计 113 期，覆盖河北等全国 21 个省份。2018 年，国家奶牛产业技术体系组织开展奶牛场场长和技术骨干等各类技术培训 28 期，培训 5 100 人次。

农业农村部畜牧兽医局积极推广奶牛场物联网技术和智能化先进设备应用，推进"数字奶业服务云平台"建设，开展生鲜乳目标价格保险试点，稳定养殖预期收益，通过"金钥匙""苜蓿草堂行"等活动加大奶牛养殖实用技术推广。各地奶牛规模养殖场严格按照《中华人民共和国畜牧法》等法律法规的规定，执行《奶牛标准化规模养殖生产技术规范》等，加强动物防疫和生鲜乳质量安全管理，实现奶牛养殖与生乳生产的标准化、规范化，奶牛养殖业素质大幅提升。

3. 奶站监管和生乳监测

（1）动态监管　农业农村部大力推进生乳监管的制度化建设，开展生鲜乳专项整治行动，落实各地奶站、奶车专人监管制度，做到不漏站、不漏车，坚决整改、取缔不合格奶站和运输车。构建、完善和运行奶站和运输车监管监测信息系统，实施推进监管信息化、精准化，将全国 4 600 多个生鲜乳收购站和 5 100 多辆生乳运输车（奶罐车）全部纳入监管监测信息系统，全时段实时掌控奶站和运输车的日常生产与动态运行情况。

（2）质量监测 农业农村部奶及奶制品质量监督检验测试中心（北京）数据显示，自 2009 年起，连续 10 年组织实施生鲜乳质量安全监测计划，重点监测生乳的乳蛋白、乳脂肪、杂质度、酸度、相对密度、非脂乳固体、菌落总数、黄曲霉毒素 M_1、体细胞数、铅、汞、铬、三聚氰胺、革皮水解物等。10 年间，农业农村部已累计抽检生鲜乳样品达 22 万批次，重点监控的违禁添加物抽检合格率连续 10 年保持 100%，生乳质量安全监管工作成效显著。

2018 年，全年抽检生鲜乳样品 1.9 万批次，采取专项监测、飞行抽检、异地抽检、风险隐患排查等方式，现场检查奶站 1.65 万个（次）、运输车 1.36 万辆（次），生乳的抽检合格率达 99.9%，生乳质量安全状况达到历史最好水平。生乳平均蛋白 3.25%，其中规模牧场乳蛋白 3.36%；全国生乳脂肪平均值 3.84%，其中规模牧场的乳脂肪 3.94%。生乳的菌落总数、体细胞数等卫生安全指标达到或超过其他奶业发达国家质量水平。

（二）生乳

按照《食品安全国家标准 生乳》（GB 19301—2010）规定，生乳是指从符合国家有关要求的健康奶畜乳房中挤出的无任何成分改变的常乳。产犊后 7d 的初乳、应用抗生素期间和休药期间的乳汁、变质乳不应用作生乳。

乳是奶畜产犊（羔）后由乳腺分泌出的一种具有胶体特性、均匀的生物学液体，其色泽呈白色或略带微黄色、不透明、味微甜并具有香气。乳中含有幼畜生长发育所必需的一切营养成分，是幼龄哺乳动物（包括人类）最适宜的营养物质。

1. 常乳与初乳

奶畜自分娩后产乳起，直至泌乳终止，这期间称泌乳期。以奶牛为例，1 个泌乳期一般为 300～305d，在泌乳期间随着泌乳进程的发展，其乳的组成成分也发生很大变化（表 1-1）。奶牛分娩后 1 周（7d）以内所产的乳称为初乳。约 1 周以后乳的营养成分趋向正常含量，这时所产的乳称为常乳，即生乳，也是乳制品生产加工的主要原料。奶牛到了接近泌乳终期时，产乳量减少，而乳脂肪和非脂乳固体有所增加，这时的乳汁称为末乳。

表1-1 牛初乳向常乳转变过程的成分变化

分娩后时间	相对密度	乳固体（%）	总蛋白质含量（%）	其中酪蛋白（%）	乳白蛋白乳球蛋白（%）	脂肪（%）	乳糖（%）	灰分（%）	煮沸后凝固（+、−）
分娩后	1.067	26.99	17.57	5.08	11.34	5.10	2.19	0.01	＋
分娩后6h	1.044	20.46	10.00	3.67	6.30	6.85	2.71	0.91	＋
分娩后12h	1.037	14.53	6.05	3.00	2.96	3.80	3.71	0.89	＋
分娩后1d	1.034	12.77	4.52	2.76	1.48	3.40	3.98	0.86	＋
分娩后1.5d	1.032	12.22	3.98	2.77	1.03	3.55	3.97	0.68	＋
分娩后2d	1.032	11.44	3.74	2.63	0.99	2.80	3.97	0.83	＋
分娩后3d	1.033	11.86	3.86	2.70	0.97	3.10	4.37	0.84	−
分娩后4d	1.034	11.85	3.76	2.68	0.82	2.80	4.72	0.83	−
分娩后5d	1.033	12.67	3.86	2.68	0.87	2.75	4.76	0.84	−
分娩后7d	1.032	12.13	3.31	2.42	0.69	3.45	4.96	0.84	−

2. 生乳用途要求

以高质量的生乳来生产高质量的乳制品，是奶业永恒的主题，贯穿全行业活动的始终。实施与推进生乳的用途分级工作，既包含行业的特殊性和资源性，也囊括产业的经济性与可持续性，是促进奶业良性健康发展的客观需求。

初乳特别是产犊（羔）3d内的初乳，含有奶畜犊（羔）所需的丰富免疫活性因子（如免疫乳球蛋白等）。由于初乳热加工的稳定性差，组织状态浓厚及滋（气）味强烈，国家标准《食品安全国家标准　生乳》（GB 19301—2010）规定奶牛产犊后7d内的初乳不能用于生产乳制品。

（1）质量分级　从行业发展看，生乳在符合《食品安全国家标准　生乳》（GB 19301）要求的前提下，乳品企业按收购协议全部接受生乳的同时，企业对符合国家标准要求的生乳实施进一步的质量分级是可行的，也是十分必要的。

细化生乳的技术指标要求，实施以质论价、优质优价，一方面能更好地促进牧场（奶源基地）的生乳卫生质量不断提升；另一方面，也有利于乳品企业合理分配和充分利用宝贵的优质乳资源，生产制造出"好上加好"的乳制品。

（2）分级标准 2019 年，国家奶业科技创新联盟发布实施国内第一个生乳分级团体标准《生乳用途分级技术规范》（T/TDSTIA 001—2019），指导全国 50 多家联盟成员单位生产优质的乳制品，实现合格生乳的科学利用，推动实施中国优质乳工程，为引领我国实现奶业高质量发展迈出了重要的一步。

该标准依据生乳的用途进行分级，符合《食品安全国家标准 生乳》（GB 19301）的要求，按 4 项主要技术指标进一步分为特优级生乳和优级生乳 2 个等级，用于国家奶业科技创新联盟优质乳工程中的优质巴氏杀菌乳和优质灭菌乳的生产原料。特优级生乳适用于加工优质巴氏杀菌乳和（或）优质灭菌乳，优级生乳适用于加工优质灭菌乳。生乳用途分级主要技术指标，见表 1-2。

表 1-2　优质乳工程生乳用途分级主要技术指标

项目		等级		检验方法
		特优级	优级	
脂肪（g/100g）	≥	3.40	3.30	GB 5009.6
蛋白（g/100g）	≥	3.10	3.00	GB 5009.5
菌落总数［CFU/(g·mL)］	≤	50 000	100 000	GB 4789.2
体细胞（SC，个/mL）	≤	300 000	400 000	NY/T 800

注：优级生乳适用于优质灭菌乳；特优级生乳适用于优质巴氏杀菌乳和优质灭菌乳。CFU 为 Colony - Forming Units 的缩写，是指单位体积中的细菌、霉菌、酵母等微生物的群落总数。在活菌培养计数时，由单个菌体或聚集成团的多个菌体在固体培养基上生长繁殖所形成的集落，称为菌落形成单位，以其表达活菌的数量。菌落形成单位的计量方式与一般的计数方式不同，一般直接在显微镜下计算菌体数量会将活与死的菌体全部算入，但是 CFU 只计算活的菌体数量。

（三）乳的营养

乳的营养十分丰富，成分也相当复杂。不同奶畜品种及其不同生理阶段，其乳的组成成分变化很大。最新研究指出，牛乳中含有2 000多种成分，有许多微量营养因子具备特殊的生理功能。相当多的作用机制、生命功能以及深度开发利用等，人类尚在研究中，许多重要生理功能还仅仅局限于概念性的描述。

不可否认的是，人类对奶畜乳汁的功能与营养研究，应建立在与人乳营养研究相比较的基础上，而不是孤立的研究。借助现代科学技术，如何最大限度保护乳中原有的营养物质和生物活性，避免破坏乳的功能性营养成分，并加以合理的充分利用，奉献营养，服务健康，是奶业生产的基本原则。

乳的主要成分包括水、乳脂肪、乳蛋白（包括免疫球蛋白等）、乳糖、无机盐、维生素和酶等。奶畜的品种、饲料、饲养管理、健康状况、环境、季节、泌乳期、胎次、年龄、个体特性等，都会对乳的成分产生不同程度的影响。

1. 乳蛋白

乳蛋白由酪蛋白和乳清蛋白组成。不同种类的哺乳动物，这两类蛋白的比例有明显的种间差异。通常，反刍动物和啮齿类动物乳中的酪蛋白比例高，而人乳中的酪蛋白比例低、乳清蛋白比例高。乳蛋白类特殊的重要生理功能，至今是现代生命科学研究的重点之一。乳蛋白含量国家标准为大于或等于2.8%。2018年，农业农村部数据显示，全国生鲜乳样品乳蛋白平均值为3.25%，同比增长0.02%，远高于国家标准。其中，规模牧场生乳样品乳蛋白3.36%。

2. 乳脂肪

乳脂肪是乳的重要组成成分之一，是反映牛奶营养品质的指标。乳脂肪含量国家标准为不低于3.1%。2018年，农业农村部监测结果显示，全国生乳样品乳脂肪平均为3.84%，同比增长0.04%，远高于国家标准。其中，规模牧场生乳样品乳脂肪平均3.94%。乳脂肪具有较高的营养和经济价值。奶畜采食摄入的能量饲料（如玉米、大麦、小麦、麦麸、高粱等）与乳脂肪的合成密切关联。

3. 乳糖

乳糖是乳的重要组成部分，也是乳中唯一的糖类。最新研究结果表明，乳糖甚至还参与生命遗传信息表达和蛋白质合成。各种动物的乳糖含量差异很大。乳糖被乳酸菌分解成乳酸，也可被微生物分解为乙醇。酸乳和马奶酒就是根据这一特性制成的。

4. 其他成分

乳中含有各种维生素，包括脂溶性维生素（维生素 A、维生素 D、维生素 E）和水溶性维生素（维生素 C、B 族维生素）等。另外，乳中还含有少量的胡萝卜素、叶黄素等。乳中含有的无机盐包括钠、钾、钙、镁的氯化物、磷酸盐和硫酸盐，以及微量元素等。哺乳动物乳汁的主要成分与含量见表 1-3 和表 1-4。

表 1-3 哺乳动物乳汁成分组成（%）

哺乳动物	乳汁成分					
	水分	脂肪	乳糖	酪蛋白	乳白蛋白及乳球蛋白	灰分
牛	87.32	3.75	4.75	3.00	0.40	0.75
山羊	82.34	7.57	4.96	3.62	0.60	0.84
绵羊	78.46	8.63	4.28	5.23	1.45	0.97
马	90.68	1.17	5.77	1.27	0.75	0.36
猪	84.04	4.55	3.30	7.23	7.23	1.05
犬	75.44	9.57	3.09	6.10	5.05	0.73
人	88.50	3.30	6.80	0.90	0.40	0.20

表 1-4 生乳中主要成分及其含量

成 分	1L 乳中的大约含量
水分（g）	860～880
乳浊液中的脂质	
乳脂肪（g）	3.0～5.0

（续）

成　分	1L乳中的大约含量
磷脂类（g）	0.30
脑苷酯类	痕量
甾醇类（g）	0.10
类胡萝卜素（mg）	0.10～0.60
维生素 A（mg）	0.10～0.50
维生素 D（μg）	0.4
维生素 E（mg）	1.00
维生素 K	痕量
悬浮液中的蛋白质	
酪蛋白（g）	25
β-乳球蛋白（g）	3
α-乳白蛋白（g）	0.70
乳铁蛋白（常乳）（g）	0.1～0.3
血清白蛋白（g）	0.30
其他白蛋白及球蛋白（g）	1.90
脂肪球膜蛋白（g）	0.20
酶类	微量
可溶性物质	
糖类	
乳糖（g）	45～50
葡萄糖（mg）	50
其他糖类	痕量
无机和有机离子及其盐类	
钙（g）	1.25
镁（g）	0.10
钠（g）	0.50

（续）

成　　分	1L 乳中的大约含量
钾（g）	1.50
磷酸盐（以 PO_4^{3-} 计）（g）	2.10
柠檬酸盐（以柠檬酸计）（g）	2.00
氯化物（g）	1.00
碳酸氢盐（g）	0.20
硫酸盐（g）	0.10
乳酸盐（g）	0.02
水溶性维生素	
硫胺素（mg）	0.40
核黄素（mg）	1.50
尼克酸（mg）	0.2~1.2
吡哆醇（mg）	0.7
泛酸（mg）	3.0
生物素（μg）	50
叶酸（μg）	1.00
胆碱（mg）	150
维生素 B_{12}（μg）	7
肌醇（mg）	180
维生素 C（mg）	20
非蛋白态及维生素态氮（以 N 计）（mg）	250
气体（暴露空气后的生乳）	
二氧化碳（mg）	100
氧（mg）	7.5
氮（mg）	15.00

二、概念和要义

(一) 奶业有关质量管理概念

1. 奶牛 GAP

良好农业规范 (good agricultural practice, GAP), 系针对初级农产品生产的种植业和养殖业的一种操作规范, 通过全程质量控制体系的建立, 从根本上解决农产品质量安全问题。

奶牛 GAP, 是奶牛良好农业规范的简称, 一般指国家标准《良好农业规范 奶牛控制点与符合性规范》(GB/T 20014.8), 属国家推荐性标准。通俗说, 奶牛 GAP 就是危害分析与关键控制点 (HACCP) 理论方法在奶牛饲养管理实践的具体应用。奶牛 GAP 解决的重点之一就是奶牛养殖场输出产品 (生乳、活体牛等) 的质量安全问题。

按照国家标准 GB/T 20014.8, 我国奶牛 GAP 管理的关键环节主要包括登记、饲料、牛舍和设施、兽医健康计划、挤奶、挤奶设施、卫生、清洗消毒剂和其他化学品等 8 个方面 70 多个控制点与符合性要求。

我国良好农业规范标准由一系列标准组成。依据良好农业规范系列标准架构组成, 奶牛 GAP 的许多生产关键技术要求, 与牛羊 GAP (GB/T 20014.7)、畜禽 GAP (GB/T 20014.6)、农场 GAP (GB/T 20014.2) 相关技术要求密切相关。奶牛 GAP 是基于符合农场 GAP 要求、畜禽高 GAP 要求的基本前提下, 针对奶牛养殖所规定的符合性规范要求。

2. 乳制品 HACCP

危害分析与关键控制点 (hazard analysis critical control point, HACCP) 管理体系作为一种科学简便和实用的预防性食品安全管理体系, 被全球认可为控制因食品引起的疾病的一种有效方法, 以此作为食品企业实施质量安全管理的行动技术指南。

乳制品 HACCP, 通常是指国家标准《危害分析与关键控制点

体系 乳制品生产企业要求》（GB/T 27342），是国家标准《危害分析与关键控制点体系 食品生产企业通用要求》（GB/T 27341）在乳制品生产企业应用要求的技术补充。这两个标准属国家推荐性标准。简单说，乳制品 HACCP 是一种针对乳制品生产企业危害分析与关键控制点体系的具体应用标准。

乳制品 HACCP 是基于 HACCP 原理，为降低乳制品的质量安全风险，在充分考虑乳制品生产特点的基础上而提出的乳制品生产过程 HACCP 体系的建立、实施和改进的要求，主要包括物料杀菌与灭菌、添加剂与配料、包装安全控制、冷链控制等要求，重点强调了生乳等原料的运输、贮存、验收和辅料及包装材料的接收与贮存等要求，强化了生产源头与生产过程监控要求。

3. GAP 和 HACCP 在奶业的应用

无论是奶牛 GAP，还是乳制品 HACCP，其核心要旨都是将实际生产中容易产生质量安全问题的各种风险因素全部予以识别并实时纳入管控。从广义讲，奶牛 GAP 和乳制品 HACCP 这两套科学管理方法的实践应用，既可以由企业组织内部自行贯彻落实，也可以由第三方技术咨询服务机构协助推进开展。但是，针对奶业生产的极特殊性，两套科学管理方法的有效运用，往往是在企业内部的自我消化、准确理解与采取针对性措施显得更为关键和重要。

目前，奶牛 GAP 和乳制品 HACCP，均执行推荐性国家标准。其中，奶牛 GAP 执行产品认证标准，乳制品 HACCP 执行体系认证标准。通常是借助独立的第三方认证机构（认证公司）为生产企业提供自愿性有偿认证服务，也就是说，奶牛养殖企业和乳品企业是否实现和满足奶牛 GAP 或乳制品 HACCP 的技术标准要求，是借助通过 GAP 或 HACCP 认证来证明的。因此，保障奶业领域 GAP 和 HACCP 的认证质量显得非常重要，客观上对从事奶业领域认证公司的专业能力尤其是奶业安全技术深度要求很高。这一点，相关方应予以特别关注，以避免认证流于形式。

4. 乳制品GMP

良好生产规范（good manufacturing practice，GMP），也称良好操作规范。它规定了食品生产、加工、包装、贮存、运输和销售的规范性要求，是保证食品具有安全性的良好生产体系。GMP强调的重点之一，是基于质量安全管理需要且能满足产品特性的全部硬件条件（包括设施设备）的全要素要求。

乳制品GMP纳入我国强制性标准体系，系由两个国家强制性标准组成，即《食品安全国家标准　乳制品良好生产规范》（GB 12693）和《食品安全国家标准　粉状婴幼儿配方食品良好生产规范》（GB 23790）。

我国要求所有乳制品生产企业的乳制品GMP（包括婴幼儿配方乳粉企业的粉状婴幼儿配方食品GMP），必须接受政府主导下的监管、审查与定期复评，实施行政许可制和一票否决。因此，从执行力度和贯彻强度看，乳制品GMP与奶牛GAP和乳制品HACCP有很大区别。

5. SOP与SSOP

标准操作规程（standard operation procedure，SOP）多用于初级农产品生产领域（农场SOP、牧场SOP），是农业企业自身为满足良好农业规范要求而制定的标准化操作规程。它强调的重点是操作的规范性、一致性，确保消除不良影响因素，是使操作能够符合法规或行业标准要求而制定的作业指导文件。

卫生标准操作程序（sanitation standard operation procedure，SSOP），系适于食品生产制造领域的一种通用管理用语，是生产企业自身为了保证满足良好生产规范所规定的要求，确保生产中消除不良质量安全影响因素，使生产操作如清洗、消毒、卫生等能够符合法规标准要求而制定的作业指导文件，如乳制品SSOP。

从管理体系说，SSOP和SOP都属于企业内部的作业指导性文件，侧重企业生产一线的操作规范要求，是企业管理文件的重要组成。从应用范围说，奶牛场可以制定和实施自己的标准操作程序（奶牛场SOP），乳制品生产企业可以制定与执行自己的卫生标准操作程序（乳制品 SSOP）。因此，每个企业都可以有自己的 SSOP 或 SOP。

（二）奶牛场安全要义

为便于读者了解奶牛养殖及其奶源主要质量安全控制点，结合多年实践，在此专门选取部分重要关键环节内容做扼要介绍。

1. 卫生防疫

实现奶牛场良好的卫生防疫管理，是与奶业质量安全密切相关的头等大事。根据《中华人民共和国动物防疫法》，我国强制性国家标准《奶牛场卫生规范》（GB 16568）规定了奶牛场的环境与设施、动物卫生条件、奶牛引进要求、饲养卫生、饲养管理、人员卫生与健康、挤奶卫生、生乳贮藏与运输、免疫与消毒和监测、净化等要求。

奶牛场卫生和防疫操作规程主要内容包括场区出入管理（来访者管理、外部车辆入场管理）、进入生产区人员管理（如卫生消毒要求与程序）、防疫消毒设备设施管理（如消毒池等保障措施、预防内部车辆及工具交叉污染要求等）、生产区管理（如饲养区作业要求、诊疗区人员作业要求及医疗废弃物无害化处理等）和牛群防疫管理以及牛场生物安全计划，开展牛场重大疫病生物安全风险评估，加强奶牛口蹄疫防控和布鲁氏菌病、结核病监测净化等。以下为几个关键事项。

（1）引进牛的防疫　牛源检疫证明材料是指奶牛源自国内时，当地县级以上畜牧兽医主管部门颁发的《动物防疫条件合格证》；奶牛源自国外时，应有《检疫调离通知单》；检查牛体健康状况，包括生长发育状况、口鼻及乳房、肢蹄、被毛状况等；档案材料齐全完整，包括系谱、耳标、疾病诊断和治疗记录、免疫记录等；严格执行检疫，包括结核病、布鲁氏菌病、副结核病等；新购牛须隔离 45d 后经检疫合格方可回场混群。

（2）牛场免疫计划　按照《动物防疫法》《奶牛场卫生规范》等要求，奶牛场所制定执行的免疫计划，其操作层面上重点应包括以下几项内容。

奶牛结核病在每年 5 月和 10 月各检疫 1 次，每年 4 月对牛群进行布鲁氏菌病检疫。检疫方法按农业农村部《动物检疫操作规程》进行。检出阳性反应牛应扑杀，并作无害化处理。可疑反应牛应送隔离场复检，按法规处置。根据当地流行病学情况并结合地方畜牧兽医部门防疫要求而选择疫苗，免疫后 21～28 d 采血检测抗体效价，保证 90％免疫牛的抗体滴度达到 1：128 以上，且 3 个月后再次检测效价；对适宜的牛群实施 100％免疫，充分满足免疫密度的要求。

规范使用疫苗，严格按照商品疫苗使用说明书，规范贮存和使用疫苗，不合格或开启后未使用完的疫苗应废弃，致弱的活苗应灭活后处理，使用前务必检查生产日期、批号，外观物理性状；规范免疫器械使用，使用前消毒，每头牛换一个针头（若发生断针，应及时处置，取出针头）；免疫接种后注意观察，如发生不良反应症状（荨麻疹、阴门水肿、眼睑水肿、狂躁等），应立即联系兽医及时诊治；强化岗位制度管理，确保牛场的检疫、免疫等记录与档案齐全。

2. 临床治疗用药

与其他奶畜一样，受种种原因影响，奶牛患病是很难避免的，因此，药物使用是必不可少的办法。奶牛除了发生一般牛只的疾病外，作为以分娩胎次为生产周期且个体产奶量较高的奶畜品种，其常见临床疾病与繁殖或泌乳密不可分，如乳腺炎、子宫内膜炎和蹄病等。

在临床治疗中，这些疾病使用药物治疗后存在的一个突出问题，就是兽药在动物性食品中的残留，特别是在奶中的残留，如未按要求用药或未执行休药期处理，可能会带来安全风险。因此，牛场必须采取有效措施，建立完善的操作规范与管理程序，常抓不懈，重点管控奶中药物残留发生。

应重点关注的相关管控风险和临床用药基本安全要求，尤其是严控乳中的残留抗生素，可参见专题三中的"抗菌药物"部分内容及附录。

3. 饲草料质量管控

（1）饲料卫生安全 2018 年，我国强制性国家标准《饲料卫生标准》（GB 13078）发布实施，标志着我国饲料质量安全管理迈进更高水平。有毒有害物质控制项目增至无机污染物、天然植物毒素、真菌毒素、有机氯污染物和微生物等 5 类 24 个，涵盖技术指标 164 个，其中 80％达到欧盟标准水平。

该标准扩大了适用饲料种类，对饲料原料、添加剂预混合饲料、浓缩饲料、精料补充料和配合饲料实现全覆盖；细化了各项目在不同饲料原料，以及不同动物类别和不同生长阶段饲料产品中的限量值，修改增补限量值 100 多项；结合检测技术的进步，增修了部分检测方法；强化了总砷的限量值，严禁砷制剂的添加。

（2）青贮、干草与精料 饲草料的质量保障是奶牛场及其生乳质量安全的重要一环。在奶牛日粮中，粗饲料占 40％以上，是瘤胃微生物和奶牛本身重要的营养来源。粗饲料和精料的品质对奶牛生产性能和健康状况极其重要，因此，做好粗饲料的品质监测和风险管控非常重要。

通常全株青贮的收割标准为含水率 65％～70％，整株淀粉含量大于或等于 25％，酸性洗涤纤维（ADF）小于或等于 30％，籽粒乳线占 1/2～2/3，把握好最佳收割时间（乳熟期至蜡熟期，或感官肉眼判定青贮整秆约 2/3 开始变黄），青贮根部刈割时留茬高度应控制在 20cm 以上，最好是 30cm，避免附着在秸秆根部上的土壤腐败菌混入青贮。

制作青贮的切碎长度宜 1.5～2cm，确保玉米籽粒得到破碎，青贮压实密度以控制在 750kg/m³ 为宜。做好封窖压实压紧管理，保证厌氧发酵条件，避免因雨雪渗透而发生霉变。至少封闭 40d 后再开窖。开窖监测水分（≤75％）、pH（3.8～4.2）、中性洗涤纤维（NDF＜55）、酸性洗涤纤维（ADF＜30％）等质量指标符合要求。优良的青贮应酸香可人，具有明显的面包香味或果实芳香味，无腐败臭味。

制定和执行干草（羊草）质量监测计划，规定检验时间、检测频率、检验项目。牧场干草理化检测项目指标见表1-5。保证精料质量验收指标符合牧场技术要求，查验供应商提供的质量检测报告，按批次及时开展自主检测与核验，包括营养指标如干物质、粗蛋白、能量等，安全指标如黄曲霉毒 M_1 素、亚硝酸盐、重金属、玉米赤霉烯酮等。

表1-5　奶牛牧场干草理化检测项目指标

项目	国产苜蓿（%）	进口苜蓿（%）	干草（%）	燕麦草（%）
杂草率（≤）	5	3	10	8
水分（≤）	15	12	15	15
粗蛋白（≥）	14	18	7	7
灰分（≤）	10	8	8	8
RFV* （≥）	125	150	—	—

＊ RFV 是指粗饲料品质综合评定指数，即相对于特定标准的粗饲料（假定盛花期苜蓿 RFV 为 100），某种粗饲料的可消化干物质采食量。

(3) 预混料及舔砖　结合近些年各地生产情况，奶牛牧场要特别关注奶牛的预混料及舔砖中的有害重金属元素（铅、汞、锡、铬等）、有害非金属元素（砷、氟化物等）的指标含量。结合分析基于奶牛日粮中的全部饲草料的成分、占比及各项营养指标浓度，对有害重金属、有害非金属指标全部实施总体的限定与控制，最大限度推算出对预混料及舔砖的日需量值的同时，对其有害重金属、非金属的限量指标加以明确。

针对预混料及舔砖，除纳入执行投入品相关采购质量管理程序外，应及时开展针对有害重金属元素、有害非金属元素的自主专项监测，实时掌控预混料及舔砖的批次产品中可能存在的有害元素含量状况，一旦发现有超出限量的风险，及时采取调整措施。

4. 挤奶管理要点

(1) 挤奶员要求　奶牛场的挤奶员每年应进行一次健康检查，在取得健康合格证后方可上岗工作。患有痢疾、伤寒、病毒性肝炎、活动性肺结核、化脓性或渗出性皮肤病及其他有碍食品卫生疾病者不得从事挤奶工作。挤奶员手部受开放性外伤未愈前，应暂时调离挤奶工作岗位。

（2）挤奶规程　良好的挤奶程序可有效提高奶牛的排乳速度和产奶量，保护奶牛乳房健康，也是生产优质安全生乳的关键环节之一。

挤奶时间控制：每天的挤奶时间确定后，必须严格遵守，不可随意改变。挤奶间隔均等分配有利于获得最高奶产量。每天挤奶2次，最佳挤奶间隔为12h；每天挤奶3次，最佳挤奶间隔为8h。

挤奶前的准备：挤奶前30min应保持奶牛平静。应定期剪短奶牛尾尖、乳房和胁部的牛毛，减少沾到乳房上的污物，以使乳房容易清洁。挤奶前观察或触摸乳房外表是否有红、肿、热、痛症状或创伤。

保持乳房清洁：如遇雨雪等天气，乳房很脏时，应在药浴前用流动温水或含有消毒剂的温水冲洗乳头。应注意避免用大量的水清洗整个乳房，一方面水量过大脏水极易流到乳头，影响乳房卫生，易引发乳腺炎；另一方面，附着在牛毛上的水不易擦干，挤奶时脏水顺着乳头可能进入奶杯污染牛奶。

检查头三把奶并弃掉：将每个乳区的头三把奶，以手挤入黑色带网面的乳汁检查杯中，观察牛奶是否有凝块、絮状或水样，及时发现临床乳腺炎，防止乳腺炎乳混入奶罐。该法实用方便、简单易行。头三把奶弃掉不用，作无害化处理。

乳头预药浴：挤奶前药浴乳头的目的是进行乳头消毒，可有效杀灭乳头表面和乳头孔处的致病微生物，防止外部环境中致病微生物感染或进入牛奶中。通常选用一些对乳房皮肤刺激性弱且消毒效果好的奶牛专用乳头消毒剂，至少应有3/4的乳头或整个乳头浸入消毒液并保持30s后擦干。

擦干乳头：清洁乳头后必须彻底擦干，残留在乳头上的脏水会流入奶衬或牛奶中污染牛奶，而且容易引起滑杯，使空气从杯口进入处于真空状态的乳杯内，造成另一侧细小的乳滴可能携带致病微生物反向进入正在张开的乳头口，引起乳腺感染。使用毛巾或一次性纸巾，一牛一巾，防止乳腺炎的交叉感染。擦干操作，应特别注意乳头口处不能留存消毒剂残液及污垢。横向擦拭的时间约为 20s（每个乳头 5s，4 个乳头），保证挤奶前足够有效刺激乳房。

套挤奶杯组：乳头擦干后应立即套杯。从挤去头三把奶到套杯时间应在 40～60s 内完成，最长不应超过 90s。这段时间十分关键，直接关系到奶牛排乳是否充分。催产素是控制排乳反射的激素，血液中的催产素浓度一般在 60s 左右达到高峰。应抓住这个时间套上挤奶杯组，尽量减少空气进入挤奶系统。

调整奶杯位置：奶杯套好后应注意调整奶杯位置，使奶杯均匀分布在乳房下方，并略微前倾，可用矫正杆调整奶杯位置。奶杯组和奶管方向扭曲会影响排乳，甚至造成某个乳区剩奶较多。在挤奶过程中，应注意观察出奶情况，如发现有漏气声或掉杯等情况，应该及时调整或重新套杯。

脱去挤奶杯组：大多数奶牛排乳时间为 6～8min。挤奶结束后，4 个乳区应是柔软的。除自动脱杯情况外，挤奶结束应及时将真空旋钮关闭，切断真空。3～5s 后真空状态解除，再轻轻摘下挤奶杯组。切记不能压杯逼奶或用力挤捏乳房。

挤奶后药浴：挤奶结束应当马上对乳头进行药浴，因为乳头括约肌需要一段时间才能完全闭合，防止这段时间细菌侵入乳房。药浴乳头是降低乳腺炎发病的关键步骤之一。应选择正规厂家提供的安全有效乳头消毒剂。

(3) 挤奶设备清洗 为了保持挤奶设备的干净卫生，消除挤奶过程中的污染，提高生乳的卫生质量，每次挤奶结束后应即刻启动 CIP 系统，开始清洗挤奶设备。

预冲洗：挤奶结束后，应在设备还没有完全冷却前即对挤奶设备进行冲洗，避免管道中的残奶因温度下降而发生硬化，影响冲洗效果。预冲洗用水量以冲洗水变清为止。水温以控制在 35～45℃ 为宜，水温太低会使奶中脂肪凝固，太高会使蛋白质变性。预冲洗水不得循环使用，且防止预冲洗水进入大奶罐中。

碱洗：预冲洗后即开始碱洗，碱洗应循环清洗 5～10min。碱洗的主要目的是清洗管道中残留的脂类。根据当地水的硬度情况按要求加入适量碱性清洗剂。一般碱洗起始温度应达到 70～85℃，循环后排放时的水温不能低于 40℃。碱洗液 pH 为 11.5～12.5。

酸洗：酸洗的主要目的是清洗管道中残留的沉积性污垢及矿物质，每周 3～7 次，依据水的硬度决定用量。水的硬度越高，使用剂量和频率要相应提高。酸洗不能代替碱洗。酸洗温度为 70～85℃，循环酸洗 5min。酸洗溶液 pH 为 1.5～2.5。

后冲洗：每次碱（酸）洗后，用符合生活饮用水卫生标准的清水进行后冲洗，除去可能残留的碱、酸液及异味，冲洗时间约 5min，以冲净为准（以 pH 试纸进行验证）。

每次清洗程序结束后，须通过设备的最低点将残留液彻底排净，防止设备和管道二次污染。与乳品厂 CIP 系统略有不同的是，奶牛场挤奶厅管道系统的碱洗与酸洗交替使用，一般为"两次碱洗，一次酸洗"。针对生乳的流体学特性，有时奶牛场碱洗的次数要比酸洗略多。机器人自动挤奶设备连续挤奶，每 8h 应清洗一次挤奶设备，以减少污染。碱洗液通常以氢氧化钠溶液配制，酸洗液以硝酸配置。

5. 奶牛生理常数

健康奶牛的生理常数见表 1 - 6。

表 1 - 6　奶牛正常生理参数

体温（℃）	脉搏（次/min）	呼吸（次/min）	嗳气次数（次/h）
37.5～39.0（平均38.5）	60～70	12～16（犊牛 30～56）	20～40

日均反刍时间	日反刍周期数	每次反刍持续时长	瘤胃蠕动次数（次/min）
6～10（h）	4～8（个）	40～50（min）	反刍2.3，采食2.8，休息1.8

6. 健康奶牛血液指标

与健康水平密切相关的奶牛主要血液指标见表 1 - 7。

表 1－7　健康奶牛血液指标

血清离子浓度（mg，每 100mL 中）					胆红素（mg，每 100mL 中）
钙	无机磷	镁	钾	钠	
10.5～12.25	3.2～8.4	1.8～3.0	20	330	0～0.5
血浆蛋白（g，每 100mL 中）			转氨酶（S－FU/mL）		黄疸指数（U）
总蛋白	白蛋白	球蛋白	谷氨酸－草氨酸	谷氨酸－丙氨酸	
6.5	2.9	3.6	38～50	7～32	2～15
红细胞数（个/mm³）	血红蛋白（g，每 100mL 中）	白细胞（个/mm³）	血沉（魏氏法）（mm）		
			15min	30min	45min	60min
$7.2×10^6$	12	8 000	0.1	0.25	0.4	1～2

7. 奶牛代谢病监测

有的奶牛场片面地追求提高奶牛单产，受饲养管理不当影响，日粮营养浓度不佳，出现能量负平衡等，导致荷斯坦牛尤其是高产奶牛常常出现临床营养代谢病，必须引起高度重视。

作为重要知识，有必要介绍部分代谢病的临床检查判定方法，最大限度地杜绝奶牛营养代谢病的发生。常见的 14 种临床奶牛营养代谢病与临床检查项目诊断情况见表 1－8。

表 1－8　奶牛营养代谢病与检测项目诊断

代谢病	项目	检测结果与诊断
营养障碍	血液	血红蛋白↓，血清总蛋白↓，红细胞数↓，血尿素氮↑
	尿液	pH↓，酮体（＋）
	乳汁	pH↓，70％酒精试验（＋）
母牛卧地不起综合征	血液	血红蛋白↑，红细胞数↑，血清总蛋白↑，镁↓，钙↓ S－GOT↑，S－CP↑，S－LDH₅↑
	尿液	潜血（＋），酮体（＋）

（续）

代谢病	项目	检测结果与诊断
酮病	血液	酮体↑，钙↓，糖↓，无机磷↓，镁↓，S-GOT↑，S-LDH$_5$↑
	尿液	pH↓，酮体（＋）
	乳汁	酮体（＋）
妊娠毒血症	血液	白细胞数↓，血红蛋白↓，血细胞压积值↑，糖↑，钙↓，无机磷↓，S-OCT↑，S-SDH↑
	肝功能	磺溴酞钠试验（延长）
	尿液	蛋白质（＋），酮体（＋）
糖尿病	血液	总胆固醇↑，糖↑，血尿素氮↑
	尿液	酮体（＋），pH↓，糖（乳糖、果糖在内）（＋）
瘤胃酸中毒	血液	糖↑，细胞压积↑，钙↓，无机磷↑，S-GOT↑
	尿液	尿胆素（＋），蛋白质（＋），pH↓，沉渣（＋）
	瘤胃液	糖发酵产气试验↓，pH↓，纤毛虫数↓，亚硝酸还原试验（延长）
骨软症	血液	红细胞数↓，血红蛋白↓，钙↓，无机磷↓，S-ALP↑
	尿液	pH↓，无机磷（＋），潜血（＋）
	乳汁	70％酒精试验（＋）
产后瘫痪	血液	白细胞数↑，血红蛋白↑，糖↑，钙↓，红细胞数↑，无机磷↓，S-GOT↑，S-CP↑
佝偻病	血液	钙↓，S-ALP↑，无机磷↓
	尿液	pH↓
青草搐搦	血液	镁↓，钙↓，S-GOT↑
	尿液	蛋白质（＋），酮体（＋）
	瘤胃液	pH↑
维生素A缺乏症	血液	β-胡萝卜素↓，维生素A↓
	肝脏	维生素A↓
	眼结膜	眼结膜软化，角化上皮细胞数↑

（续）

代谢病	项目	检测结果与诊断
维生素 D 缺乏症	血液	碱性磷酸酯酶↑，无机磷↓，二羟胆骨化醇↓
铜缺乏症	血液	红细胞数↓，血红蛋白↓，血细胞压积值↓，铜↓
	乳汁	铜↓
	被毛	铜↓
硒缺乏症	血液	硒↓，SH-Px、S-GPT、S-CP、S-LDH₅↑
	尿液	肌酸酐（+），肌红蛋白（+）

注：S-GOT 为血清谷草转氨酶；S-CP 为五氯酚；S-LDH₅ 为血清乳酸脱氢酶；S-OCT 为血清鸟氨酸氨基甲酰转移酶；S-SDH 为山梨醇脱氢酶；S-ALP 为血清碱性磷酸酶；SH-Px 为谷胱甘肽过氧化物酶；S-GPT 为谷丙转氨酶。"↑"表示增高；"↓"表示降低。"+"表示阳性。

8. 生乳菌落总数

生乳中的菌落总数是生乳中主要微生物的总称，一般包括细菌、真菌、酵母菌等，是衡量生乳卫生质量的一项重要指标。生乳中的菌落总数主要来自奶牛挤奶、生乳贮存和运输等过程中的污染。

牧场通过加强日常饲养和卫生环境管理，规范挤奶程序、清洗程序，定期进行设备维护，强化员工培训等，能有效降低生乳中的菌落总数。

2018 年，农业农村部组织对全国 3 299 批次的牛生乳样品进行监测，结果显示，生乳的菌落总数平均为 $29.5×10^4$ CFU/mL，达到美国、新西兰、加拿大的乳标准。另对 200 个规模牧场生鲜乳样品进行监测，结果显示，其菌落总数平均值为 $7.2×10^4$ CFU/mL，超过美国和欧盟的标准。这表明我国奶牛牧场饲养管理已达到较高水平。

说明

欧盟和美国规定生鲜乳中的菌落总数小于或等于 $10×10^4$ CFU/mL，新西兰和加拿大规定生鲜乳中的菌落总数小于或等于 $30×10^4$ CFU/mL。

9. 生乳体细胞

生乳体细胞数量，能够直接或间接地反映奶牛的饲养健康状况和生乳卫生状况。生乳的体细胞是奶牛乳房中各类代谢细胞的总称，一般包括巨噬细胞、淋巴细胞、乳腺上皮细胞以及中性粒细胞等。生乳的体细胞数是衡量奶牛乳房健康状况和生鲜乳质量的一项重要指标。

正常情况下，奶牛生乳的体细胞数量为 $(20\sim30)\times10^4$ 个/mL，甚至更低。一般头产牛的较低，经产牛随胎次增加而逐步升高。当奶牛乳房受到感染时，体细胞数会明显增加。一般隐性乳腺炎，其生乳体细胞数为 $(50\sim100)\times10^4$ 个/mL，而临床发病乳腺炎的高达 100×10^4 个/mL 以上。生乳体细胞测定与 DHI 测定工作一样，一般是在各地畜牧兽医部门指定的测试单位进行，一些有条件的牧场自行测定。

2018 年，农业农村部对全国 3 299 批次生鲜乳样品进行监测，全国生乳的体细胞数平均检测值为 33.04×10^4 个/mL，远高于欧盟、新西兰、加拿大和美国的生乳标准指标。其中，全国规模牧场生乳样品的体细胞数平均监测值已降至 22.1×10^4 个/mL。

说 明

> 欧盟和新西兰规定生鲜乳中体细胞数量小于或等于 40×10^4 个/mL，加拿大规定体细胞数小于或等于 50×10^4 个/mL，美国规定生乳体细胞数（A 级、B 级）小于或等于 75×10^4 个/mL。

10. 奶牛场水质

在实际生产中，牧场的水质安全往往很容易疏于管控。实现生乳的质量安全保障，奶牛场的水质安全保证是不容忽视的重要一环，笔者认为有必要在此专门提出，引起各方重视。水对奶牛场的生产活动至关重要，奶牛日常生活以及挤奶操作等均需要大量的水，因此良好的水质是维持奶牛健康和获得高质量优质安全生乳的重要前提条件。

奶牛日常饮用水、挤奶厅设备清洗等用水必须符合国家《生活饮用水卫生标准》（GB 5749）。水的硬度高、含细菌总数高等都会直接或间接地影响奶牛健康和生乳的卫生质量。需要特别指出的是，GB 5749 对水质要求非常严格，水质卫生技术指标涵盖了菌落总数、大肠菌群等 38 项水质卫生常规指标，氯气及游离氯等 4 项饮用水中消毒剂常规指标，贾第鞭毛虫等 64 项水质非常规指标，共计 106 个项目。因此，通过委托检验鉴定水源各项指标，验证水质满足符合性要求非常重要，万不可忽略，应定期监测管控。

无论采取何种水源供水方式（市政自来水、自备井水源），奶牛场每年至少应在用水点的末端随机取水样送检 1～2 次，随时掌握影响奶牛健康及生乳安全的重要水质指标情况，主动控制与防范因水质因素而带来的质量安全风险。据多年一线经验，根据地下水质状况，作者建议要特别关注水源中氟化物、硝酸盐、铅、汞等指标的实际检测情况。

📖 说明

在此，对与奶牛养殖直接相关的牛场生乳产量估算方法做一扼要介绍。以荷斯坦牛为例，一个规模化奶牛养殖场，在正常生产状况下，其成年母牛占总存栏量约 60%，其中产奶牛为 40%～45%、干奶期奶牛 20%～15%。假设每头产奶牛平均年单产按 8.5t 计（国内一些牧场已超 10t），该牛场的奶牛存栏是 2 000 头，则可简单地估算出该场每天的大致产奶量。

该场产奶牛为（40%～45%）×2 000 头＝800～900 头，而每头产奶牛每天产奶量理论上约为 8.5t/365d＝23.3kg，那么该场每天的产奶总量为 23.3kg×（800～900 头）＝18.64～20.97t。因此，在牧场正常生产状况下，大致可以了解到 2 000 头的奶牛存栏量，其每天生乳产量约为 19t。由此可知，一个日处理能力 500t 的乳制品工厂（假如不考虑产品配方的变化，全部使用生乳为原料），需要大致 5 万多头的奶牛存栏规模来提供每日的生乳供给。

（三）乳制品

1. 概述

乳制品是指以奶畜所产的乳及其制品为主要原料，经加工制成的产品。

乳制品种类包括液体乳类（巴氏杀菌乳、灭菌乳、发酵乳、调制乳），乳粉类（全脂乳粉、脱脂乳粉、全脂加糖乳粉、调味乳粉、婴幼儿配方乳粉、其他配方乳粉），炼乳类（全脂淡炼乳、全脂加糖炼乳、调味/调制炼乳、配方炼乳），奶油类（稀奶油、奶油、无水奶油），干酪类（天然干酪、再制干酪），其他乳制品类（乳糖、乳清粉、酪蛋白等）。

2018 年，我国规模以上乳制品加工企业 587 家，乳制品产量 2 687.1 万 t。其中，液态奶产量 2 505.5 万 t，奶粉产量 96.8 万 t。人均乳制品消费量折合生鲜乳 34.3kg，约为世界平均水平的 1/3。国家市场监管总局抽检食品样品约 24.9 万批次，总体平均抽检合格率为 97.6%。乳制品抽检合格率为 99.7%，其中婴幼儿配方乳粉抽检合格率为 99.9%，在食品中保持领先水平。

> **说　明**
>
> 再制乳（recombined milk）是以脱脂乳粉和无水奶油为原料（有时也加入酪乳粉），经溶解、混合、均质、杀菌、冷却、包装而制成的产品，或与部分生乳按一定比例混合后经加工而制成的产品。
>
> 用全脂乳粉加水复原成牛乳的制品称复原乳（reconstituted milk，也称还原乳）。
>
> 二者区别仅在于原料的组成不同。

2. 乳制品"联产品"及相互关系

简单说，全脂牛奶经过分离处理，可生产成稀奶油和脱脂奶；稀奶油经过加工变成奶油和酪乳水；脱脂奶可生产脱脂乳粉、脱脂酸乳、干酪素等；奶油又可以加工成无水奶油；酪乳水可加工成酪乳粉等。在乳制品加工领域传统概念上，这些产品称为"联产品"。

一些奶业发达国家乳制品的"联产品"特点鲜明，产品间的"链条"衔接紧密，因此，品种呈现多样化。例如，以生乳为原料可以加工生产天然干酪，同时，所产生的乳清可以生产乳糖、乳清粉或含酒乳清饮料，脱盐乳清粉是婴幼儿配方乳粉的主要原料；而天然干酪可以生产各式各样的再制干酪，增加干酪品种。

发酵乳制品是经专门的发酵剂发酵后制成的乳制品，如天然干酪、酸乳、酸性奶油（发酵奶油）等。近年来，功能性乳制品研发也颇受关注，如以初乳为原料专门制成富含免疫球蛋白（IgG）的乳产品；以乳为原料的生物提纯制品也层出不穷，如牛奶蛋白粉、乳铁蛋白、生物活性多肽等。

加快奶业供给侧结构性改革，促进乳制品产品结构调整，大力发展品类多样的自给型乳制品加工业，避免过度依赖进口乳品原料，是建设现代奶业的重要任务之一。

3. 主要产品

下面举例介绍常见的 10 多种主要产品。本部分局限于概念性阐述，具体内容见本书专题四中的"主要生产过程管控"。

（1）巴氏杀菌乳 依据《食品安全国家标准 巴氏杀菌乳》（GB 19645—2010），巴氏杀菌乳是仅以生牛（羊）乳为原料，经巴氏杀菌等工序制成的液体产品。应在产品包装上用汉字标注"鲜牛（羊）奶"或"鲜牛（羊）乳"。

巴氏杀菌工艺通常采用低温长时间（62～65℃、保持 30min）或高温短时间（72～76℃、保持 15～20s）处理。这种处理方式可以杀死所有致病微生物，又能最大限度地保留生乳中营养活性物质与天然风味。巴氏杀菌乳的运输、销售的全过程要在 2～6℃冷链条件下进行。巴氏杀菌乳保存期短，一般为 2～7d。

实施标准的巴氏杀菌工艺，可最大限度保存生乳中固有的营养成分，是巴氏杀菌乳的最大特点。奶业发达国家食用的液体奶主要是巴氏杀菌乳。北欧五国鲜奶达 99.5%，欧洲达 95%，美国达

90%，日本达 85%。我国巴氏杀菌乳约占 15%，多在局部区域和城市。

巴氏杀菌乳对所用原料生乳的卫生质量要求很高，须全程实施冷链贮存等要求，生产成本相对较高。巴氏杀菌热处理目的主要是杀死致病微生物。

(2) 灭菌乳 依据《食品安全国家标准 灭菌乳》（GB 25190—2010），灭菌乳是以生牛（羊）乳为原料，在连续流动的状态下，加热到 132℃以上并保持短时间的灭菌，再经无菌灌装等工序制成的液体产品。超高温灭菌工艺通常采用 135～139℃，保持 2～4s。超高温灭菌处理能杀灭所有微生物，但也会损失奶中部分营养成分与风味。灭菌乳的灭菌热力学参数设定，其目标是耐热芽孢菌，而后面包装工序的无菌包装材料的过氧化氢（双氧水）杀菌环节，其目标主要是枯草芽孢菌。

在我国乳制品生产中，采用超高温灭菌工艺的产品量最大，占液体乳市场的 85%，几乎所有乳品企业均能生产灭菌乳。其特点是货架期长，一般 1～12 个月，销售区域广阔，对贫奶地区具有特别意义。基于这一特点，该类产品安全性更要特别关注，尤其是产品质量安全检查放行评价方法，详见专题四中的"灭菌乳"相关内容。

(3) 酸乳 属于一种发酵乳，是指以生牛（羊）乳或乳粉为原料，经杀菌、接种嗜热链球菌和保加利亚乳杆菌（德氏乳杆菌保加利亚亚种）发酵制成的产品。允许添加其他乳酸菌，包括乳杆菌类（嗜酸乳杆菌、干酪乳杆菌）和双歧杆菌类（乳双歧杆菌、动物双歧杆菌）等。按产品成分分为纯酸乳和风味酸乳，风味酸乳分为调味酸乳和果料酸乳；按是否后杀菌分为活性酸牛乳和非活性酸牛乳。

通过加入乳酸菌等，利用乳糖发酵机制，分解乳中的乳糖产生乳酸，适于乳糖不耐受者食用，同时有利于人体肠道内有益菌平衡和改善消化功能。酸乳在我国特别是城市地区，是最受欢迎的乳制品之一，可谓老少皆宜的代表性产品。

其生产特点是在规定的发酵时间、温度条件下，迅速达到预期乳酸的发酵酸度，防止接种、培养过程中其他杂菌的污染，所以要特别关注该类产品的菌种纯度、活力及生产环境卫生。由于终产品的酸度高（生产终止发酵滴定酸度一般为 $70°T$，后续将继续升高），要特别注意其他腐败性、嗜酸性微生物的污染。活性酸牛乳的流通销售全程须有冷链条件。

🖳 说 明

　　酸乳的分类，按组织状态分为凝固型酸乳、搅拌型酸乳；按成品口味分为天然纯酸乳、加糖酸乳、调味酸乳、果料酸乳、复合型酸乳；按发酵后的加工工艺分为巴氏杀菌热处理风味酸乳、浓缩酸乳、冷冻酸乳、酸乳粉；按菌种种类分为酸乳、双歧杆菌酸乳、嗜酸乳杆菌酸乳、干酪乳杆菌酸乳；按原料乳中脂肪含量分为全脂酸乳、部分脱脂酸乳、脱脂酸乳、高脂酸乳。

　　其中的巴氏杀菌热处理风味酸乳，是近年比较风靡的酸乳产品，其特点是先发酵后杀菌，虽然几乎不含活性乳酸菌，但无需冷藏，有相对较长保质期，饮用方便，如市场上的安慕希、纯甄、莫斯利安、全程有机、冰岛、艾菲娅、开啡尔等发酵乳产品。

（4）乳粉　大致可分为以下几种。

①全脂乳粉（全脂奶粉）：是指仅以乳为原料，添加或不添加食品添加剂、食品营养强化剂，经浓缩、干燥制成的粉末状产品。

②部分脱脂乳粉（部分脱脂奶粉）：是指仅以乳为原料，添加或不添加食品添加剂、食品营养强化剂，脱去部分脂肪，经浓缩、干燥制成的粉末状产品。

③脱脂乳粉（脱脂奶粉）：是指仅以乳为原料，添加或不添加食品添加剂、食品营养强化剂，脱去脂肪，经浓缩、干燥制成的粉末状产品。

④全脂加糖乳粉（全脂加糖奶粉、全脂甜乳粉、全脂甜奶粉）：

是指仅以乳、白砂糖为原料，添加或不添加食品添加剂、食品营养强化剂，经浓缩、干燥制成的粉末状产品。

⑤调味乳粉（调味奶粉）：是指以乳为主要原料，添加辅料，经浓缩、干燥制成的粉末状产品；或在乳粉中添加辅料，经干混制成的粉末状产品。

⑥配方乳粉：是指针对不同人群的营养需要，以生乳或乳粉为原料，去除乳中的某些营养物质或强化某些营养物质（也可能二者兼而有之），经加工干燥而成的乳制品。配方乳粉的种类包括婴幼儿配方乳粉、老年奶粉及其他特殊人群需要的乳粉。

在满足特定人群各营养指标需求的前提下，该产品要特别关注来源于生乳或强化添加物中的重金属、致病微生物及其毒素、亚硝酸盐及其他有害的化学和微生物污染。

说　明

1949 年中华人民共和国成立后，乳粉是我国乳制品加工行业最早实现工业化生产的产品之一。20 世纪 80 年代，我国乳制品行业的技术革新与设备改造也是从乳粉生产兴起，为推动中国乳制品工业发展、满足城乡人民饮奶需要发挥了重要作用，哺育了几代中国人，也为中国乳制品业的发展奠定了基础。至今乳粉仍然是广大人民群众特别是婴幼儿、老年人等特殊人群必需的代乳品和营养品。因此，保证乳粉质量安全非常重要。

(5) 炼乳　可分为 3 种。

①淡炼乳：是指以乳和（或）乳粉为原料，添加或不添加食品添加剂、食品营养强化剂，经加工制成的黏稠状液体产品。

②加糖炼乳：是指以乳和（或）乳粉、白砂糖为原料，添加或不添加食品添加剂、食品营养强化剂，经加工制成的黏稠状液体产品。

③调制炼乳：是指以乳和（或）乳粉为主料，添加辅料，经加工制成的黏稠状液体产品。

炼乳特点是保质期长，冲调饮用方便，组织状态均匀。通俗说，炼乳就是一种浓缩了的乳，适用于热带或亚热带的贫奶地区，也常见于餐饮业配用（如咖啡、面点）。产品制造原理是高渗透压抑制微生物生长，包装采取密封形式（多用铁听装），类似罐头产品。炼乳有时也是食品工业的原料，往往采用大包装形式（如桶装），其特点是在加工中混合使用起来更方便。

说 明

炼乳是我国近代开始生产的乳制品之一。20 世纪 20 年代，民族实业家吴百亨先生在浙江温州瑞安阳镇创建中国近代第一家炼乳厂——百好炼乳厂，以温州当地水牛奶为原料，生产"擒雕牌"炼乳。自 1949 年起，炼乳成为我国乳制品工业主要产品之一。

（6）干酪 也称"奶酪"，是指以乳、稀奶油、部分脱脂乳或这些产品的混合物为原料，经杀菌、凝乳、分离乳清而制成的产品。简单说，干酪类分为天然干酪（也称原干酪）和再制干酪（也称重制、融化干酪）。

①天然干酪：基于民众消费习惯和购买力影响，天然干酪在我国自产量不大。中国传统乳制品中有类似的干酪产品，如扣碗酪（宫廷干酪）、乳扇、奶豆腐、酪干、曲拉、乳饼、姜撞奶、奶皮子等，虽经久不衰，但未形成规模化大批量生产。

20 世纪 50 年代起，黑龙江省安达县、甘南县等地已有工业化生产的圆形干酪（天然干酪）。20 世纪 80 年代，北京等地也开始生产干酪，但总量不大。近年来，随着先进设备的引进和技术的更新研发，目前已有乳品加工企业如黑龙江鞍达实业、北京三元、上海光明、内蒙古伊利和蒙牛等能够成批量生产天然干酪。总的看，我国以生乳为原料直接生产干酪的数量不大，市场上国产天然干酪很少，估计目前约 4 万 t。

进入 21 世纪以来，我国干酪进口势头异常迅猛，干酪消费陡然飙升。据笔者统计，2018 年我国进口干酪累计超过 30 万 t（含奶油干酪），标志着国内市场蕴藏的巨大潜力正在释放。

🗹 说 明

从国内干酪消费情况看，麦当劳、肯德基、必胜客等西式餐饮驱动干酪消费，主要是以再制干酪（切片）和马苏里拉（烘焙）干酪为主。2019 年，北京三元年销售麦当劳芝士片 1 650t 以上、肯德基芝士片 550t 以上、必胜客马苏里拉干酪 1 100t 以上，成为目前中国生产干酪数量最多的国有企业。中国干酪消费群体趋向年轻阶层：很多有国外求学或生活经历的年轻人，对干酪认可度高，是干酪消费增长的主力军；同时，随着生活工作节奏加快，一二线城市白领族愈发取向西式快餐休闲食品，成为较大干酪消费群体；2000 年以后出生的青少年和儿童对新鲜事物接受能力强，也是干酪消费的主体。

国内商超常见的是切片的再制干酪（芝士片）、三角形再制干酪，也有分装的半硬质干酪、马苏里拉干酪碎，以及一些国产新鲜干酪和民族传统干酪等。目前，中国国产干酪生产企业有 10 多家，如北京三元食品股份有限公司、黑龙江鞍达实业集团股份有限公司、光明乳业股份有限公司、内蒙古蒙牛乳业（集团）股份有限公司、内蒙古伊利实业集团股份有限公司、内蒙古正镶白旗乳香飘奶制品有限公司、上海广泽食品科技股份有限公司、内蒙古正蓝旗长虹乳品厂、腾冲市艾爱摩拉牛乳业有限责任公司、宁夏塞尚乳业有限公司和云南皇氏来思尔乳业有限公司等。

②再制干酪：用 1 种或 1 种以上同种或不同种的天然干酪为主要原料，配以必要的食品或食品添加剂，经过计算、配料、融化、乳化、杀菌、再成型而制成的乳制品，常见于快餐的汉堡包中。

受原料奶成本、周转资金等因素制约，生产再制干酪的企业常选择以进口天然干酪为原料，所以我国目前是进口天然干酪的主要国家之一。

目前，国内一些乳品企业主要为快餐业生产再制干酪，且多以切片式再制干酪供应，另一些企业生产制造与干酪食品相类似的产品。随着人民生活水平不断提高，消费习惯不断改变，干酪已成为我国乳制品消费一个新增长点。

说 明

应关注干酪食品与天然干酪、再制干酪的区别。注意控制干酪食品的原料中天然干酪所占的比例情况（见专题四中的"干酪"部分内容）。干酪食品的实际生产成本、营养成分等与天然干酪、再制干酪有很大差异。

(7) 乳清粉　是将干酪或干酪素生产过程中排出的乳清经干燥加工而制成的产品。乳清粉是干酪和干酪素加工的副产品。我国自产干酪、干酪素不多，所以乳清粉目前主要是依靠进口。目前，脱盐乳清粉主要用于婴幼儿配方乳粉的生产原料，应按照《食品安全国家标准 乳清粉和乳清蛋白粉》（GB 11674）、进口专项要求及婴幼儿配方乳粉有关要求实施严格质量安全监测。

(8) 稀奶油　是以生乳为原料，分离出含脂肪的部分，添加或不添加食品添加剂和食品营养强化剂，经加工制成的产品。在许多国家，乳脂肪都是传统膳食的一部分，作为一种呈味物质的稀奶油，可以赋予食品美味，如甜点、蛋糕、巧克力糖果、咖啡和奶味甜酒等。我国游牧民族很早就已经食用的自制酥油，也是属于稀奶油制品。

稀奶油的脂肪含量依据不同用途，一般为 $12\% \sim 55\%$。国内生产稀奶油零售商品的企业不多。目前，市场上用于裱饰蛋糕的稀奶油多为进口，其中也不乏"以假乱真"的人造稀奶油。所谓人造稀奶油主要是由酯类、植脂类等十几种添加剂组成，与来自乳品厂生产的稀奶油（天然稀奶油）有本质区别，天然稀奶油营养价值远高于人造稀奶油。

说明

　　所谓人造稀奶油（人造蛋糕奶油）通常指植脂类奶油，其主要成分是氢化棕榈油、白砂糖、羟甲基纤维素钠（CMC）、聚山梨酸酯、硬脂酰乳酸钠、单双甘油酯、食盐、人造奶油香精、磷酸氢二钠、大豆磷脂、脂肪酸聚甘油酯、黄原胶等，无任何乳源成分。人造稀奶油不属于乳制品。

　　（9）奶油　是以稀奶油（经发酵或不发酵）为原料，添加或不添加食品添加剂和食品营养强化剂，加工制成的产品。大多数国家奶油标准要求脂肪含量不低于80%。我国少数民族地区特制的酥油、"乌日莫"等属于奶油类制品。

　　奶油根据制造方法不同而分为甜性奶油（不发酵）、酸性奶油（发酵）、重制奶油、无水奶油及各类花色奶油。与稀奶油情况一样，在我国目前直接用生乳分离出稀奶油进而制造奶油的规模乳品企业不多。市场上也存在天然奶油和人造奶油，前者营养价值较高。

　　（10）干酪素　是利用脱脂乳为原料，在酶或酸的作用下生成的酪蛋白聚凝物，经洗涤、脱水、粉碎、干燥而加工制成的产品。干酪素分为酸法和酶法，20世纪50—80年代我国生产的干酪素主要是酸法（盐酸或硫酸）工业干酪素。

　　乳中的酪蛋白是干酪素的主要成分，乳经过加酸可使酪蛋白沉淀，这种带有其他混合物（少量脂肪、盐类等）的酪蛋白沉淀干燥物称为工业用干酪素。工业干酪素是良好的胶黏剂和上光剂，可用于造纸工业、皮革工业、乳胶工业、国防工业等。

　　在国外，食品工业已广泛应用食品级的干酪素，如生产仿制干酪或经搅打发泡后用于咖啡调白剂与糕点裱花，或用于肉和汤制品、焙烤食品、面食类、饮料、餐后甜点等。目前国内食品级干酪素尚无生产。

　　（11）冰激凌　按照目前我国对食品的分类办法，冰激凌归属冷冻饮品，不属于乳制品范畴。但冰激凌的主要原料是乳或乳制品，许多乳制品生产企业都能生产加工。以往乳制品工艺书籍、大专院校食（乳）品科学专业教材等也均涉及冰激凌内容，因此相关知识可参见专题四中的"冰激凌"部分内容。

三、习惯用语

日常工作中，奶业从业人员及乳制品行业内部交流或编写文件时所涉及的专业用语称谓有时比较简单，或有特指含义，并因各地方言、口语习惯不同而有所差异。为方便读者了解学习，部分举例介绍如下。

（一）前（预）处理工序

罐车：是指运输生乳的专用奶罐车，也称"奶车""奶槽车"等，容量10～30t不等。

预处理：一般是指在乳品厂内对所收购生乳进行初步处理和贮藏等工序，含计量、过滤、净乳、暂存等单元。

计量槽：也称"奶秤（磅）"，是指乳品厂对收购生乳的称重设备，多用于中小企业收奶区域的生乳计重工序。计量槽一般置于室内。

地磅（秤）：用于大中型乳品厂收购生乳的称重衡器，直接对罐车在卸奶前后整体称重，按毛重、皮重计量奶重。也有采用管道流量计称重的。

双联：一般是指并联在一起的两组过滤器，多用于生乳的预处理工序，生产中可交替使用，方便及时清理滤网上的杂质。过滤目数不等。

管式过滤器：是指安装在设备管道（线）上的过滤器，生产停止后可拆卸。

净乳：是指利用离心机对生乳进行净化处理，剔除乳中的杂质等。该设备称净乳机，是生乳预处理工序的重要设备，因转速不同其净乳效果也有差异。高速净乳机可以除去部分细菌。

排渣：是指利用离心机对生乳进行净化处理时，通过人工或自动控制设置，定时排除生乳中杂质的过程。恒定的外界水压保证，是离心机实现正常排渣的关键。

标准化：见专题四中的"主要生产过程管控"部分内容。

分离机：一般是指奶油离心分离机，配置在标准化工序中，是专门用来分离稀奶油的设备。与净乳机有区别。

生奶：一般是指未经杀菌处理的生乳。

熟奶：一般是指经杀菌处理后的生乳。

奶仓：一般是指用来储存乳的大型贮奶罐，分为熟奶仓和生奶仓。

（二）生产工序

前段：通常是指乳制品工厂杀菌、灭菌之前的各工序总称。

后段：多指从乳制品工厂的产品灌装之后的各工序总称。

调配：通常是指按预定的配比，将配料混合均匀后实施特定工艺技术指标的调整过程，以使终产品符合标准规定。

打尺：一般是在配料工序实施混料时，为防止自动液位计或计量泵等有误差，影响配料结果准确，有时以人工方法借助专用带刻度的长尺，测量配料罐内的液面高度，进而决定调整值的方法。

调酸：是指以人工添加乳酸、柠檬酸等食用酸或酸味剂，使产品达到预期酸度的过程。

中储：一般是指经过预处理后的中间产品贮藏，通常是并排集中多个贮罐，形成中储区，灵活方便地向后面的各个生产线供料，因此，此罐区经常形成管道集束、排列有序，并配置专门的自动或手动的阀门组合，也称"阀阵（组）"。

闪蒸：乳制品行业起初引入"闪蒸"工艺，其目的是有效剔除乳中的微小气体（气泡），防止液态的乳在进行热处理时，在设备加热表面上形成膨胀性"气阻"，影响换热效果和灭菌效率。通常是指把经预热的液体乳在恒定压力下进入一个膨胀室，由于体积突然增大，进而形成一个相对负压的真空状态，使乳中的微小气体（气泡）在瞬间被蒸发掉的过程。

囯 说 明

> 闪蒸过程中，也会有挥发性呈味物质等随之蒸发掉（如羊奶的脱膻工艺）。闪蒸设备多配置在灭菌设备的灭菌段之前，可延长超高温灭菌设备的连续工作时间，其所采用的热力学原理与乳粉生产中的浓缩工序相类似，但因工艺设备设计参数的不同，乳粉生产浓缩工序的水分蒸发量要大得多。

巴杀：是巴氏杀菌的简称。

荡机：一般是指超高温灭菌（UHT）设备在正常运行中，因回流待机时间过长或设备工况参数异常等原因，UHT 整机设备自动关闭进料，开启进水阀，排出物料，启动灭菌设备系统水循环，进入系统自身杀菌状态，有的地方也称"重起"。生产中，一旦发生荡机，对灭菌乳生产影响很大。

回流：在灭菌乳生产中，当不考虑中间无菌罐配置时，灭菌单元与无菌灌装单元之间连接设计的原则之一是需要灭菌机供料能力一直略大于无菌灌装机的包装能力，防止无菌灌装系统出现供料不足，避免系统内产生负压而混入外界空气污染产品。而多出的那部分灭菌物料，经回流管道又回到灭菌机内进行重新灭菌，这个过程称为回流。通常回流量控制在 $10\%\sim15\%$，关键调节设备是管道上的倍压阀。理论上说，回流量控制得越少越好，以避免物料被反复加热。

安那妥：是指天然 β-胡萝卜素。多用于奶油或干酪生产中的调色。

此外，在生产工艺上还有水顶奶、奶顶水、脱模、起车、打奶、老化、附聚、喷粉、喷涂、跑奶、细粉、跑粉、淡粉、甜粉、全脂、脱脂、扫塔、浓缩、脱臭、化糖、糖浆、乳化盐、融化、压炼、切割、洗粒、堆攘（积）、入模、压榨、盐渍、成熟等用语。

（三）产品用语

枕奶： 指利乐枕等无菌软包装。

袋奶： 多指塑料袋包装。

盒奶： 多指复合纸盒式（砖型）无菌包装。

杯酸： 特指塑料杯包装的酸乳。有时是单杯，也有四联杯、八联杯等联体包装形式。

花脸： 是指冰激凌的一种。

保鲜屋： 指需冷藏的一种屋型纸盒包装，也称"小房子"牛奶盒，多用于巴氏杀菌乳。

SIG： 是对新西兰 Rank 旗下的康美包集团（SIG Combibloc Group）生产的无菌设备与无菌包装盒的简称。

利乐砖（晶、钻）： 指利乐公司的几种无菌包装。

百利包： 是指多层复合的高阻隔薄膜，源自法国。外观上与普通塑料薄膜没什么区别，但对氧气的阻隔性能是普通塑料薄膜的 300 倍以上。

美国 IP： 指美国国际纸业公司生产的"保鲜屋"包装。

地产膜： 指国产塑料袋式的包装。

此外，在产品上还有 PET 瓶装、听装、预封、充氮、菌种、凝固型、搅拌型、酪乳水、乳清、脱盐（乳清粉）、晶种等用语。

（四）包装设备

利乐 19 型、21 型、22 型等均指不同型号的利乐无菌包装机，还有伊莱克斯机、中亚机及横封、纵封、充氮机、封盖机等。此类简单用语很多，在此不详述。

（五）质量品控

酸度： 乳的总酸度通常用滴定酸度（°T）来表达，是以用中和 100mL 乳所需 0.1mol/L 氢氧化钠的体积（mL）来计算。滴定酸度（°T）数值，与乳酸度（％）的换算系数约为 0.009。例如，滴定酸度为 14°T 的生乳，其乳酸含量约为 0.126％（14×0.009）。

低酸度酒精阳性： 是指生乳验收时，出现的滴定酸度（°T）不高、酒精实验却是阳性（挂壁或凝絮）的生乳。低酸度酒精阳性乳一般发生在奶牛饲料突然更换期，如春季，原因是生乳中的盐类含量不正常和蛋白质之间不平衡。低酸度酒精阳性乳经综合评定，可加以利用。

120： 是对 FOSS 公司制造的快速"120 型乳质综合分析仪"的简称。

此外，还有冰点仪、酸包仪、空暴检测、涂抹检测、真空打检、打比重、煮沸试验、杂菌、膨化率、乳酸度、乳密度、乳脂计、乳粉容重、干酪熔度、非脂乳固型物、干物质 DM、干基脂肪 FDM、苦奶、涨包、酸包、胀（胖）听、保温检查、焦粉、菌种活力、扩培、平板划线、酶效价等。

（六）设备设施

奶耙子： 是指生乳验收时，化验员用来搅拌罐车内生乳的专用工具，目的是使取样均匀。

自流平： 是指乳品厂车间的地面用环氧树脂进行多层涂布与硬化处理的简称。环氧树脂地面一般耐酸、耐碱，具有抗腐蚀性与防渗性，具备一定的硬度和亮度，颜色多为绿色、米黄色、灰色等。

CIP： 指用于乳品厂或牧场生产设备的原位清洗系统（也称就地清洗或原地清洗系统），是应用水、清洗剂、消毒剂和相关设备对闭路的设备及其管道内部进行循环性冲洗处理。乳品厂 CIP 车间独立设置，配置冲洗水罐、酸液罐、碱液罐、热水罐及管道、阀门、泵、分汽缸、换热器等。酸液、碱液等具有回收功能。

说明

　　CIP设备系统，对于保证乳制品质量安全非常重要。乳品厂CIP清洗设备的所用时间，占总生产时间的40％以上，设备投资占比也高，可见其重要性。乳品厂CIP执行清洗顺序依次是水、碱、水、酸、水，每个环节温度是80～75℃、循环时间10min。碱液浓度1.5％～2.0％，酸液浓度1.0％～1.6％。

　　CIP所用碱液、酸液及水的总输出流量的控制和换热能力保障（温度）极其重要。同时，确保在管道内有足够的流速，使管内的清洗液形成湍流，只有这样才能有效地消除清洗管路时的气塞现象，并将管壁上的奶垢带走。清洗时，清洗液的流速至少要达到1.5m/s，只有这样才能在管线中形成足够的扰动效果。

　　对于无菌罐或其他储罐的清洗，其重点是要让罐体的内表面都充分接触到清洗液。对于卧式储罐，清洗液的供给量要求为200～250L/（h·m³）；垂直罐为250～300L/（h·m³）。另外，在垂直罐中每2m高度应安装1个喷淋装置（喷头）。定期维修保养喷头，保证喷淋装置工作正常。

　　牧场的挤奶、贮奶单元及奶罐车，也都配置类似的独立CIP清洗系统，由于仅仅是针对生乳，所以，其酸碱液的浓度、清洗时间、清洗温度及酸碱间隔清洗程序与乳品厂的CIP略有差异。牧场CIP内容可参见专题一"概念和要义"中的"挤奶管理要点"部分内容。

　　阀阵（组）： 乳品厂生产制造区域的生乳预处理单元、半成品区域设备、物料储罐区，以及CIP的酸、碱液罐，经常形成管道集束，排列有序，并配置专门的自动或手动的阀门组合，也称"阀阵（组）"。现代化乳品厂车间里的阀阵由若干个单体电磁气动阀组成，通过压缩空气、微电路、PLC可编程控制及中央操作控制室指令，实现每个气动阀的打开或闭合。

　　316、304： 是对不锈钢材质（SUS）的简称，即指SUS316和

SUS304。316 不锈钢比 304 不锈钢更耐酸、碱和氯离子的腐蚀。

呼吸孔：一般是指贮罐顶部设置的与外界空气相通的气孔，目的是防止热胀冷缩造成罐体变形。有的呼吸孔还带有空气过滤装置。呼吸孔一般是清洗的死角，CIP 不易清洗到，需要人工定期维护。

封头：特指罐体上下的封顶和封底，一般为弧形。封头与罐体侧壁的焊缝处理非常重要，如果抛光处理不当，表面粗糙度不符合要求，极易造成 CIP 彻底清洗困难，形成清洗死角。

RO 水：是指去离子水，业内也称"工艺水"，即大众所说的纯净水。其是乳制品企业一般用于产品的配料用水。乳品厂设置专门的水处理车间，主要用反渗透膜过滤技术等处理成符合要求的 RO 水。

盘管式、板（片）式：是指热交换器，即灭菌机、杀菌机或冷却器的简称。

压缩蒸发器：是指机械蒸汽再压缩蒸发器，一种节能型先进的浓缩设备，多用于乳粉等生产中的浓缩工序。

VTIS：是指真空高温瞬间杀菌机或蒸汽直喷式杀菌机（vacu-therm instant sterilizer，VTIS），系一种将洁净蒸汽直接注入乳中进行连续超高温灭菌的先进设备。

此外，还有均质机、转换板、传感器、探头、APV*、GEA*、密封条、倍压阀、浊度计、保温管（段）、喷码、打号、阴阳角、八字、耐酸砖、流化床、粉筛、高压泵奶油机、融化锅、干酪塔、人孔、中控、编程器（PLC）、控制屏、气动阀、剪切机、管道混合器、转子泵、平衡罐（槽）、结晶罐（槽）、软水、冰水、分汽缸、片儿碱（氢氧化钠）等。

---

* APV 是英国公司 Aluminium Plant & Vessel Company Limited 的前三个词首写字母缩写，常用于对 APV 公司生产的灭菌设备的简称。GEA 是 Germany Engineering Alliance 的缩写，常用于对德国基伊埃集团（GEA Group）制造的挤奶机、灭菌机等设备的简称。

专门用于乳粉生产的设备用语还有 1000 塔、3000 塔、喷枪、喷嘴、气（电）锤、布袋室、旋风分离器、布袋室、水力喷射器、泻爆口、二效、三效、五效、干粉混合器、气流输送、金属检测仪等。

（七）其他用语

代加工：目前，有些乳品企业利用自己的生产设备和人力等资源，为其他企业生产乳制品，从中赚取加工费。

一次投：是商业发酵剂的简称，是指不需要任何扩培而直接投入生产使用的发酵菌种。

IDF：是国际乳品联合会（Internation Dairy Federation）的英文缩写。

CAC：是国际食品法典委员会（Codex Alimentarius Commission）的英文缩写。

四、乳糖不耐与乳致过敏

（一）乳糖不耐

乳中的乳糖属于双糖，由葡萄糖和半乳糖两种单糖组成。乳糖在人体内只有分解成单糖时才会被机体吸收。十几年来，乳糖不耐受症已受到临床医学的重视，由于部分人的消化系统缺乏乳糖酶，以致对牛乳中的乳糖不能完全分解，造成乳糖在肠腔被肠道菌群分解成大量乳酸，乳酸刺激肠壁，导致肠蠕动异常，大便次数增加，引发腹泻、腹部痛感加剧等。

乳糖酶缺乏的程度因人而异，因此，症状轻重不一。轻者病状不明显，重者会严重腹泻，不适反应明显。乳糖不耐性腹泻分为原发性和继发性两种，以继发性为多。当肠道感染时，肠黏膜受损，产生和分泌乳糖酶的绒毛膜外层受损最重，以致该酶产量进一步减少，腹泻加重。一般情况下，乳糖不耐症的人群食用发酵类乳制品（干酪、酸牛乳等），可避免乳糖不耐症的发生。

(二) 乳致过敏

乳致过敏与乳糖不耐症完全不同。牛乳中的过敏原会引起过敏反应。临床曾有关于乳致过敏性反应的报道。

研究表明，对普通牛乳蛋白过敏，主要是由牛乳中的酪蛋白、β-球蛋白、α-乳白蛋白等过敏原引起，儿童的发生率为2%～6%，成人为0.1%～0.5%。乳致过敏性反应症状多为过敏性鼻结膜炎、特应性湿疹、皮肤瘙痒、荨麻疹，嘴唇及面部等部位的水肿，打喷嚏、哮喘甚至休克，以及呕吐、腹泻等。

由于牛乳、羊乳和山羊乳的乳蛋白不一致，有时对一种乳过敏的人不一定对所有奶畜的乳都过敏。截至目前，全世界针对羊奶过敏原的报道较少。

说明

通过乳制品终产品的消费信息标签标识，提示与上述有关的内容是非常必要的。同时，可采用不同奶畜的乳汁为原料来生产适宜乳过敏体质人群的乳制品，或者特殊生产工艺的应用，如压力、酶解作用、糖基化作用、发酵等方法，对牛乳过敏原实施改性处理，生产无抗原或低抗原的乳制品，以满足过敏群体的饮乳需求。

(三) 标识与告知

通过产品信息标签标识，把可能潜在乳糖不耐、乳致过敏的风险明确告知消费者，这本身就是一种预防管控。乳糖不耐和乳致过敏与其他质量缺陷有本质的不同，应加大科普宣传力度，让消费者客观理性地认知乳糖不耐症和乳致过敏性反应。

在风险分析中，除考虑乳制品生产中的化学性风险、生物性风险、物理性风险之外，还应关注销售过程如内外包装破损、贮存温度不当等，以及消费过程的风险。如，可能对蛋白质及添加物等产生过敏反应的敏感人群，消费者是乳糖不耐症者，开封后没有及时饮用等。运用危害分析与关键控制点体系（HACCP）的精髓实质，就是要准确、全面、客观地实施危害分析及有效管控。

说 明

销售过程和消费过程的风险因素分析，并非是本部分所要重点阐述的内容，也有别于乳中可能的主要污染物及有害物质的情况，但从保证消费者权益和乳制品安全食用角度来说应引起高度关注，适时引入风险危害分析与管控并加以明确。

与乳有关微生物的管控与分析

乳的营养丰富，富含蛋白质、脂肪、乳糖、矿物质和多种天然营养成分，同时，乳也是微生物生长的良好培养基。从健康奶畜乳房刚挤下的生乳中，所含微生物数量较少，但由于挤奶操作过程中与挤奶环境或挤奶器具的接触等各种因素，就可能会增加生乳中的微生物数量和种类，从而降低生乳的卫生质量，影响到后续乳制品加工处理效果。正确掌握与乳密切相关的微生物基本知识，对于实施质量风险分析和安全控制具有重要意义。

一、与乳有关微生物种类

简单说，与乳有关的微生物或乳中可能存在的微生物主要是细菌、酵母菌、立克次氏体和病毒等。其中，细菌是最常见并在数量和种类上占优势的微生物。生乳中微生物的数量和种类可以通过采取有效的管理措施加以控制并降至最低。

生乳可能被污染的微生物主要有病原性微生物和致腐性微生物。可能存在的主要微生物及特性影响见表2-1。

二、可能的污染源

生乳中的微生物主要来自奶畜生存的外部环境、奶畜体表面的皮毛、排泄物以及挤奶器具和奶畜乳房内部等，即可能会通过奶牛体内和体外两个主要途径进入生乳中去。

表 2-1 与乳有关的主要微生物及特性与影响

名称	来源	生长	耐热性（见注①）	致病性	致腐性
炭疽芽孢杆菌 (Bacillus anthracis)	患病牛、土壤	−	+	恶性致病菌	无
蜡状芽孢杆菌 (B. cereus)	饲草、粪便、土壤、尘埃	++	+	引发食物中毒	产品苦味、甜性凝固
嗜热脂肪芽孢杆菌 (B. stearother-mophilus)	饲草、粪便、土壤、尘埃	++	+	可能无致病性	灭菌乳的变质
布鲁氏菌 (Brucella)	患病牛	−	−	牛传染性流产、人的马库他热（布鲁氏菌病、波状热）	无
空肠弯曲杆菌 (Campylobacter jejuni)	粪便、水	−	−	肠功能紊乱	无
肉毒梭菌 (Clostridium botulinum)	土壤、污水	−	+	肉毒毒素	无
产气荚膜梭菌 (Cl. perfringens)	土壤、粪便、污水	(+)	+	肠功能紊乱	无
酪丁酸梭菌 (Cl. tyrobutyricum)	土壤、粪便、青贮	−	+	无	硬质干酪的后膨胀

（续）

名称	来源	生长	耐热性（见注①）	致病性	致腐性
大肠杆菌（大肠埃希氏菌，*Escherichia coli*）	粪便，盛乳容器，污水	++	-	乳腺炎、肠功能紊乱	使乳和干酪等变质
牛棒状杆菌（*Corynebacterium bovis*）	乳头导管	+	-	无	无
化脓棒状杆菌（*Corynebacterium pyogenes*）	乳腺内部，苍蝇等昆虫	+	-	乳腺炎	可能
伯氏立克次氏体（*Coxiella burnrtii*）	病牛，粪便	-	-	Q热热病（见注②）	无
乳杆菌（*Lactobacillus*）	盛乳容器，搅拌器，挤奶厅	++	-	无	酸牛乳
乳酸乳球菌（*Lactococcus Lactis*）	盛乳容器，搅拌器，挤奶厅	++	-	无	酸牛乳
钩端螺旋体属（*Hardjo*）	病牛，尿，污水，表层水	-	-	钩端螺旋体病	无
单核细胞增多性李斯特氏菌（*Listeria monocytogenes*）	土壤，饲料，粪便	+	-	致病	无

（续）

名称	来源	生长	耐热性（见注①）	致病性	致腐性
微杆菌（Microbacterium）	挤奶器具	＋	＋	无	在巴氏杀菌的产品中生长
微球菌（Micrococcus）	乳头导管、皮肤、挤奶厅	＋	＋	可能无	无
霉菌（Molds）	尘埃、脏的物体表面、饲料	＋/－	－	某些可产生毒素	使干酪、奶油、甜炼乳等变质
结核杆菌（Mycobacterium tuberculosis）	患病牛、员工	－	－	乳腺炎、结核病	无
副结核杆菌（M. paratuberculosis）	牛	－	－	体弱	无
嗜冷性菌-假单胞菌（Pseudomonas）	挤奶设备、冷藏乳、污染的水	＋＋	－	偶尔有	分解冷藏乳的蛋白质、脂肪
沙门氏菌（Salmonella）、志贺氏菌（Shigella）	粪便、污水	＋	－	肠不适、乳腺炎	无
金黄色葡萄球菌（Staphylococcus aureus）	乳头导管、乳腺内部、皮肤、患病员工	＋＋	－	食物中毒、乳腺炎、溃疡	几乎无
表皮葡萄球菌（S. epidermidis）	乳头导管、挤奶厅	＋＋	－	可能无	几乎无

（续）

名称	来源	生长	耐热性（见注①）	致病性	致腐性
无乳链球菌（Streptococcus agalatiae）/停乳链球菌（S. dysgalactiae）/化脓性链球菌（S. pyogenes）	乳房内部、挤奶厅	++	－	乳腺炎	生乳酸败
嗜热链球菌（S. thermophilus）	挤奶厅、挤奶设备、储乳罐	++	＋	无	生乳酸败
霍乱弧菌（Vibriocholerea）	污水、患病员工	－	－	霍乱	无
病毒（Virus）	其他动物、被感染牛、员工	－	＋/－	许多有致病性	无
酵母（Yeast）	灰尘、与奶接触的器具	＋/－	－	无	使干酪、奶油、甜炼乳等变质

注：①耐热性"＋"是指试验菌悬液在63℃ 30min后不被杀死或不被完全杀死，即相当于72℃ 20s，在菌种或菌株之间存在耐热性的差异。
②Q热病，是由贝氏柯克氏体引起的一种人兽共患传染病，属自然疫源性疾病。该病在家畜和野生动物中呈隐性感染，有时可引起奶山羊和绵羊流产。

（一）内源性

1. 途径和形式

众所周知，自然界的微生物无处不在。内源性污染，是指污染微生物来自牛体内部的一种可能性，如牛体乳腺患病后，极可能会发生菌体污染，或者泌乳牛不慎患有某种疾病或牛体局部有感染而导致病原体通过泌乳过程排到乳汁中，造成生乳的污染。布鲁氏菌（*Brucella*）、结核杆菌（*Mycobacterium tuberculosis*）等病原体，是重点防控的目标菌。

奶牛的乳房并不总是处于无菌状态。试验检测表明，即使是绝对健康的奶牛在其乳房的乳汁中仍会含有 $500 \sim 1\,000 CFU/mL$ 的细菌。通常，乳头外部周围的微生物可能会沿着乳头导管进入乳房，乳房组织虽然对侵入的特异性物质具有防御和清除作用，但仍会有抵抗力较强的微生物可能在乳管和乳池中生存或繁殖。挤奶操作时，微生物就可能会进入生乳中。

2. 预防与管控

挤下的生乳绝对没有被微生物污染是不可能做到的，关键在于如何管控到最低安全水平。奶牛场实施规范的卫生清洁制度和管理措施，能有效降低微生物的污染程度。当卫生管理不良、遭到严重污染或乳房呈现病理状态时，乳房表面以及乳中的菌落总数及细菌种类急剧升高，甚至含有病原菌。奶畜的"两病"净化工作非常重要，我国奶畜养殖业长年坚持严格的预防和净化控制措施及防治制度，为保障生乳卫生安全发挥了重要作用。

研究表明，奶牛患有乳腺炎等疾病情况下，生乳的菌落总数会增加到 $50 \times 10^4 CFU/mL$ 以上，患乳腺炎的奶牛所产生乳中带有病原菌。诱发乳腺炎的病原微生物主要有金黄色葡萄球菌（*Staphylococcus aureus*）、酿脓链球菌（*Streptococcus pyogenes*）、停乳链球菌（*S. dysgalactiae*）、大肠杆菌（*Escherichia coli*）等。致病菌及其所产生的毒素，对人体健康具有很大风险危害。

此外，乳房和乳头周围的表面外伤，也可能造成生乳被细菌污染，因此，实施奶牛良好农业规范（奶牛 GAP），加强日常清洁卫生管理，持续保障牛体的卫生健康，对预防内源性可能的污染非常重要。

（二）外源性

外源性污染来源，主要包括奶牛体表、空气、挤奶器具和集乳用具、冷却设备、乳罐车以及工作人员等与生乳密切相关的环境因素和设备设施。

1. 奶畜体表

奶畜体表导致的生乳中微生物数量的增加，主要是因卫生管理不善或疏忽造成的。通常奶牛在活动过程中，牛体皮肤被毛及乳房等处附着有尘埃、泥土、粪便以及饲草屑等污物，这是生乳中微生物的主要污染来源。每克尘埃中含有几亿至几十亿个微生物，每克干粪中含有高达几亿至百亿个的微生物，这些附着于体表的微生物是生乳中微生物急剧增多的重要来源。

2. 环境空气

微生物一般黏附在空气中悬浮的尘埃、雾滴等粒子上，呈气溶胶状态分散在空气中；真菌孢子则有自身悬浮的特性。漂浮着的灰尘颗粒常吸附有抵抗力较强的球菌和细菌芽孢、真菌孢子等。随着动物或人的活动及自然气候条件变化，空气的卫生状况有很大的差异。清洁、无尘埃的空气中微生物的数量很少。挤奶过程及挤出的生乳常常不可避免地接触牛舍内空气，因此，挤奶厅内的空气洁净状况是直接影响生乳中微生物数量的重要因素。

3. 挤奶器具

挤奶用的容器、设备、管道系统等是细菌污染的可能来源。这些挤奶器具和设备直接接触生乳，如果不及时清洗和消毒处理，就会成为主要细菌污染源。挤奶设备和管道中残留少量的生乳，或与清洗水混合在一起的生乳，即便在常温下停滞一段时间，也极易导致细菌的生长繁殖。

4. 人员操作

奶牛饲养员和挤奶员的个人卫生状况及身体健康状况也直接影响生乳中微生物的污染程度。一般情况下，人的指甲和皮肤褶皱处带有大量的致病微生物。特别是这些工作人员患有伤寒、白喉、结核或传染性肝炎等疾病时，其病原体极易污染生乳，可能存在引起传染病传播的潜在危险。我国规模牧场已 100% 实现机械化挤奶，只是在偏远牧区的个别散户仍采用手工挤奶。

5. 饲草料和垫草

饲料、牧草以及舍内垫草，特别是霉烂灰尘多的垫草中含有大量微生物，并容易随灰尘飘浮，附着在牛体上，在挤奶操作时极易落入生乳或直接散落于盛乳容器中。

由此可见，实施奶牛良好农业规范（奶牛 GAP），推行标准化、规范化生产管理，保证生乳的质量卫生，有利于提高乳制品质量安全水平。

三、病原菌

所有乳制品成品中，任何病原菌（致病菌）均不得检出。

（一）葡萄球菌属

葡萄球菌呈球形，单生、双生或呈无规则葡萄状成堆排列，其特征为革兰氏阳性。无芽孢，无运动性，需氧或兼性厌氧，过氧化氢酶阳性，通常氧化酶试验阴性，联苯胺试验阳性，可水解精氨酸以及发酵分解各种糖类。血浆凝固酶阳性的金黄色葡萄球菌的致病性较强，也是不产生芽孢的细菌中耐热性较强的一种。金黄色葡萄球菌产生的耐热性肠毒素能引起人类食物中毒。全球奶业历史上发生金黄色葡萄球菌污染事件不乏实例，要高度重视。

（二）球菌属

链球菌是一类链状排列的革兰氏阳性球菌，需氧或兼性厌氧，在加有血清、血液及葡萄糖的培养基上生长良好。其中，化脓性链球菌（*S. pyogenes*）能引起人和一些动物的化脓性疾病、猩红热、扁桃腺炎、产褥热、败血症等，是奶牛乳腺炎的重要病原菌，并能产生可溶性溶血素。

（三）弯曲杆菌属

弯曲杆菌属（*Campylobacer*）细菌为革兰氏阴性、无芽孢、纤细、有一个或多个螺旋的弯曲状杆菌。该菌虽然在生乳中不能良好地生长，但是有大量菌体污染的生乳也可导致急性肠炎的暴发或引起食物中毒。空肠弯曲杆菌对氧敏感，故暴露于外界环境中时极易死亡。对干燥、酸和热敏感，经 58℃ 5min 即可被杀死。

（四）耶尔森氏菌属

耶尔森氏菌属（*Yersinia*）由革兰氏阴性、需氧或兼性厌氧、过氧化氢酶阳性、氧化酶阴性、运动或不运动的多形性短杆菌组成。小肠结肠炎耶尔森氏菌（*Y. enterocolitica*）具有广泛的宿主，能引起家畜和人类的腹泻和肠炎甚至败血症，偶尔引起集体性食物中毒。带菌动物的排泄物污染水源，进而污染生乳。该菌在生乳中也能良好地生长繁殖。

（五）沙门氏菌属

沙门氏菌属（*Salmonella*）属于肠杆菌科，是由一群寄生于人和动物肠道内革兰氏阴性、兼性厌氧、多数能运动的无芽孢短小杆菌组成。绝大多数沙门氏菌对人和动物具有致病性，也是人类食物中毒的主要病原之一，在公共卫生学上具有重要意义。沙门氏菌引起的食物中毒不同于金黄色葡萄球菌，通过生乳带少量的菌体细胞就可能导致感染，引发沙门氏菌病。

（六）大肠杆菌

大肠杆菌，即埃希氏菌属（*Escherichia*）的大肠杆菌种（*E.*

coli），为兼性厌氧、发酵乳糖产酸产气、两端钝圆、分散或成对排列、大多数以周身鞭毛运动的革兰氏阴性无芽孢杆菌。最适生长温度37℃。虽然大多数的大肠杆菌在正常情况下不致病，但是，在特定条件下以及少数病原性大肠杆菌能导致大肠杆菌类疾病的发生。

病原性大肠杆菌分为 6 类，包括肠致病性大肠杆菌（*Enteropathogenic E.coli*，EPEC）、肠毒性大肠杆菌（*Enterotoxigenic Escherichia coli enteritis*，ETEC）、肠侵袭性大肠杆菌（*Enterinvasive E.coli*，EIEC）、肠出血性大肠杆菌（*Enterohemorrhagic E.Coli*，EHEC）、肠黏附性大肠杆菌（*Intestinal adhesion E.Coli*，EAEC）、弥散黏附性大肠杆菌（*Diffuselyadherent E.coli*，DAEC）等几类。

肠致病性大肠杆菌是引发婴幼儿腹泻的主要病原菌，有高度传染性，严重的会危及婴幼儿生命，但成人少见。细菌侵入肠道后，主要在十二指肠、空肠和回肠上段大量繁殖。切片标本中可见细菌黏附于绒毛，导致上皮细胞排列紊乱和功能受损，造成严重腹泻。有研究报道，ETEC 能产生一种由噬菌体编码的肠毒素，由于对绿猴肾传代细胞（Vero 细胞）有毒性，所以称 VT 毒素。VT 毒素的结构、作用与志贺菌毒素相似，具有神经毒素、细胞毒素和肠毒素的特性。

🔖 说 明

Vero 毒素是肠出血性大肠杆菌和致病性大肠杆菌产生的一种毒素，可导致出血性结肠炎、溶血性尿毒症、血栓形成性血小板减少性紫癜等疾病。Vero 细胞系是从非洲绿猴的肾脏上皮细胞中分离培养出来的。该细胞系取 "Verda Reno"（意为绿色的肾脏），简命名为 "Vero"。Vero 细胞可用于检测大肠杆菌毒素。大肠杆菌毒素起初被命名为 Vero 毒素，后又称为志贺菌素样毒素，与痢疾志贺菌中分离出来的志贺菌素很相似。

肠出血性大肠杆菌极易引起散发性或暴发性出血性结肠炎，有较强致病性。EHEC侵入机体肠道后，通过菌毛紧密黏附素黏附在末端回肠、盲肠、结肠上皮细胞，然后释放Vero毒素（VT）。EHEC的主要血清型是O157：H7和O26：H11两种。其中，大肠杆菌O157：H7的污染，在奶业领域应予高度重视。近些年，国外常有大肠杆菌O157：H7污染牛奶而引起出血性肠炎的报道。对生乳尤其是冷藏的液体乳类，要特别注意防控大肠杆菌O157：H7。

（七）李斯特氏菌属

李斯特氏菌属（*Listeria*）为革兰氏阳性、两端钝圆、兼性厌氧、稍弯曲的无芽孢短杆菌。在20～25℃下培养可形成鞭毛。本属以单核细胞增生性李斯特氏菌（*L. monocytogenes*）为代表，具有致病性。单核细胞增生性李斯特氏菌侵害人和家畜中枢神经，引起脑膜炎，也能导致怀孕母畜乳腺炎和流产，以血液中单核细胞增多为主要特征。该菌可在冷藏的生乳中生长，但生长缓慢。

生乳中的污染主要来自被带菌奶牛粪便污染的挤奶设备或劣质青贮饲料，以及清洗用水等。由于该菌体可通过细胞吞噬作用进入巨噬细胞中，因此具有较强的抗热性。

（八）芽孢杆菌属

芽孢杆菌属由革兰氏阳性、需氧或兼性厌氧、两端钝圆或平齐的直杆状、能形成内生芽孢的细菌组成。其中，具有耐热性芽孢的蜡状芽孢杆菌（*Bacillus cereus*）在特定条件下对人有致病性，可引起人的胃肠道感染以及新生儿上呼吸道感染和脐带炎症等。

芽孢杆菌属的肠毒素分为腹泻肠毒素和致呕吐肠毒素，是导致传染性食物中毒的主要原因。蜡状芽孢杆菌对营养要求不高，虽然为需氧菌，但也能厌氧生长，生长温度范围为10～45℃，最适生长温度 30～32℃。当灭菌乳产品出现质量缺陷时，有时可检测到耐热性芽孢存在。

（九）梭菌属

梭菌属（*Clostridium*）又称梭状芽孢杆菌属，是由革兰氏阳性、厌氧生长、形成芽孢、两端钝圆或尖锐，单生、成双，呈短链或长链排列的一类杆菌组成。乳与乳制品是梭菌生长繁殖的良好营养基，其营养细胞进入肠道或在厌氧的条件下生长繁殖到一定数量时，会产生外毒素，导致人的腹泻和急性胃肠炎。

该菌最适的生长温度为 30～37℃，多数种能在 25～45℃ 条件下生长。产毒素的最适温度是 25～30℃。其繁殖体加热 80℃ 30min 或 100℃ 10min 即能被杀死。但芽孢在湿热 100℃ 5～7h，高压灭菌 105℃ 100min 或 120℃ 5～20min，干热 180℃ 15min 才能被杀死，抵抗力非常强。肉毒梭菌通常在生乳中极少，即使有也不容易在生乳或巴氏杀菌乳中生长，但在未充分酸化的干酪中能生长。

（十）阪崎肠杆菌

按照细菌分类学，阪崎肠杆菌（*Enterobacter sakazalii*）是肠杆菌科（Enterobacteriaceae）肠杆菌属（*Enterobacter*）成员之一，有时也称阪崎杆菌。虽然该菌并不常见，但它能引起新生儿脑膜炎等疾病，是对婴幼儿危害性较大的一种条件性致病菌。该菌为需氧或兼性厌氧的革兰氏阴性无芽孢杆菌。其抵抗力较弱，通常巴氏杀菌就能够将其杀死。但是，有研究报道，在超高温灭菌乳（UHT乳）和乳粉中有时也能发现被该菌污染。

1974 年，有研究报道称从土壤、水、排污管、动物和人类排泄物中分离到该菌。对农作物的内部寄生微生物研究发现，玉米的根、茎，黄瓜根部、柠檬根部和葡萄藤的根部均存在该菌。为此，有人提出环境和植物是该菌的主要来源；也有人提出水、土壤、蔬菜是其主要来源，而苍蝇和啮齿动物是次要来源。

另有研究持相反观点，称生乳、家畜、谷物、鸟粪、地表水、啮齿动物、木材、泥浆、土壤等中没有分离出该菌。也有研究者从乳粉工厂、巧克力工厂、谷物加工厂、土豆粉加工厂及家庭环境中分离到阪崎肠杆菌。由此可见，阪崎肠杆菌广泛存在于自然环境中。截至目前，该菌在自然环境中的主要分布特性仍无定论。

2004 年，FAO/WHO 认定婴幼儿配方乳粉中的阪崎肠杆菌和沙门氏菌等是导致婴幼儿感染疾病的主要原因。2002 年，美国 FDA 在某婴幼儿配方乳粉中检测到阪崎肠杆菌，要求该公司召回费蒙特工厂于 2002 年 7 月 12 日至 9 月 25 日期间生产的全部婴幼儿配方乳粉。

按照我国《食品安全国家标准　婴儿配方食品》（GB 10765—2010)，对婴幼儿配方乳粉中的阪崎肠杆菌进行了明确限定。近些年，我国把婴幼儿配方乳粉作为食品安全监管的重中之重，综合施策，从严管理，加大对国产和进口婴幼儿配方乳粉的阪崎肠杆菌监管抽测力度。

四、有益微生物

本专题二主要是介绍与乳有关的微生物分析控制，但作为重要的基本知识，有必要在此扼要介绍一下乳中的有益微生物。

生乳中除了可能含有引起腐败变质、影响质量品质和卫生安全的有害微生物之外，常常还含有对人体生理健康有益的微生物，主要包括乳酸菌、双歧杆菌（*Bifidobacterium*)、丙酸杆菌（*Propionibacterium*）等。

（一）乳酸菌

乳酸菌的种类：乳酸菌，通常是人们对能够发酵糖类产生大量乳酸的一类细菌的习惯叫法，并不是严格意义上的细菌分类学术语。因此，乳酸菌所涉及的属比较多，目前全世界已知的细菌被分成光能营养细菌、化能营养细菌两大类，共有 50 多个科、数百个属。

乳酸菌的性状特征：与乳酸菌相关的属有十几种。有一些虽然能够产生大量的乳酸，但在细菌分类学上归属为其他属的细菌。至今，新发现并命名的菌株还在不断增加。有关乳酸菌的性状特点见表 2-2。

表 2-2　乳酸菌各属的性状比较

菌属	四联球菌体的形成	从葡萄糖产 CO_2	10℃生长	45℃生长	6.5% NaCL 生长	18% NaCL 生长	pH4.4 中生长	pH9.6 中生长	乳酸旋光性
肉杆菌属 (*Carnobacterium*)	−	−	+	−	ND	−	ND	−	L
乳杆菌属 (*Lactobacillus*)	−	±	±	±	±	−	±	−	L/D/DL
气球菌属 (*Aerococcus*)	+	−	+	−	+	−	−	+	L
肠球菌属 (*Enterococcus*)	−	−	+	+	+	−	+	+	L
漫游球菌属 (*Vagococcus*)	−	−	+	−	−	−	±	−	L
乳球菌属 (*Lactococcus*)	−	−	+	−	−	−	±	−	L
酒球菌属 (*Oenococcus*)	−	+	+	−	±	−	±	−	D
明串球菌属 (*Leuconostoc*)	−	+	+	−	±	−	±	−	D
片球菌属 (*Pediococcus*)	+	−	±	±	±	−	+	−	L/DL

（续）

菌属	四联球菌体的形成	从葡萄糖产CO_2	10℃生长	45℃生长	6.5% NaCL生长	18% NaCL生长	pH4.4中生长	pH9.6中生长	乳酸旋光性
链球菌属 （*Streptococcus*）	−	−	−	±	−	−	−	−	L
四联球菌属 （*Tetragenococcus*）	+	−	+	−	+	+	+	−	+	L
威克斯氏菌属 （*Weissella*）	−	+	+		±		±	−	D/DL

注：①+代表阳性，−代表阴性，±代表随菌株而有不同结果；ND代表无确定的结果。

②从葡萄糖产生CO_2可判定同型发酵（−）和异型发酵（+），乳酸杆菌属±表示其包括同型和异型发酵的菌株。

③肉杆菌属随培养基种类不同能产生少量的CO_2。

④乳酸旋光性，是表示该属中因菌种不同而产生不同旋光性的乳酸菌株。

1. 乳杆菌属

（1）乳杆菌性状及种类　乳杆菌属（*Lactobacillus*）是由革兰氏阳性、无芽孢、过氧化氢试验阴性、兼性厌氧的杆菌组成，能发酵多种糖类产生乳酸等代谢产物。按乳酸发酵类型分成同型发酵乳杆菌（*Homofermentaive lactobacilli*）和异型发酵乳杆菌（*Heterofermentative lactobacilli*）两类。乳杆菌广泛分布于自然界中，土壤、水源、生乳以及人或动物的肠道是乳杆菌的主要栖息场所。乳杆菌对人类和动植物无致病性。

（2）乳杆菌应用　乳杆菌属中的保加利亚乳杆菌（*L. bulgaricus*）、嗜酸乳杆菌（*L. acidophilus*）、瑞士乳杆菌（*L. helveticus*）、干酪乳杆菌（*L. casei*）、植物乳杆菌（*L. plantarum*）在酸乳、干酪等乳制品中应用很多。同时，乳杆菌与人类生活密切相关，在发酵食品、工业化批量乳酸制造、临床医疗等领域有广泛的应用。

保加利亚乳杆菌是应用最为广泛的乳杆菌之一，在乳中具有很强的产酸能力，并能分解蛋白质产生氨基酸，常与嗜热链球菌属配合作为发酵乳制品的发酵剂。嗜酸乳杆菌是人类认知较早的肠道乳杆菌，能在人及动物的肠道中稳定地定植生长，是肠道微生物菌群主要的菌株之一，可从婴幼儿和成人的粪便中分离出来。该菌的耐酸性很强，而在乳中的产酸力较弱，最佳生长温度 37℃。

2. 乳球菌属

(1) 乳球菌性状特征 20 世纪 80 年代，乳球菌属（*Lactococcus*）是由链球菌属（*Streptococcus*）中分离出来单独命名的。细胞呈革兰氏阳性，球状或卵圆形，成对排列或链状排列，兼性厌氧，在 10℃能生长，45℃以上不生长。乳球菌属中的绝大多数菌株能够与兰氏（*Lancefield*）血清群中的 N 型抗血清发生鉴定反应。

(2) 乳球菌应用 乳球菌属中的菌株常用于酸乳和干酪的生产制造。其中，乳酸乳球菌亚种菌株在牛乳中的检出率很高，而粪便和土壤中没有分离的相关报道。乳酸乳球菌亚种菌株、乳酸乳球菌乳脂亚种菌株，是干酪生产中的重要菌种。

3. 链球菌属

(1) 链球菌性状特征 链球菌属（*Streptococcus*）是指无芽孢的革兰氏阳性、兼性厌氧、成对排列或链状排列的球菌。链球菌葡萄糖发酵主要产物为乳酸，属于同型乳酸发酵，不产气。25～45℃条件能够生长，最佳生长温度是 37℃。

需要说明的是，原细菌分类学上，链球菌属中包括肠球菌群和乳酸链球菌菌株，后来借助现代聚合酶链反应（PCR）与核酸测序技术，运用 16SrRNA 序列同源性分析与化学分类，将两者从链球菌属中单独分离出来，建立了两个新属——乳球菌属、肠球菌属。

(2) 嗜热链球菌应用 唾液链球菌嗜热亚种（*Streptococcus salivarius* subsp. *thermophilus*），通常称嗜热链球菌，是发酵乳制品中广泛应用的一种菌株。该菌无运动性，直径 0.6～1.0μm，在不同基质和不同温度条件下，分别呈现双球状、短链状、长链状的不同排列。嗜热链球菌（*S. thermophilus*）是酸乳生产中最为常用菌株之一。

（3）关键风味化合物 OVA　有研究证实，嗜热链球菌发酵乳中能检测出几十种挥发性风味物质，包括醛类、酮类、酸类、酯类、醇类、芳香族及烷烃化合物等。其中，双乙酰、乙偶姻、乙醛、2-壬酮等 10 多种挥发性化合物的关键风味化合物气味活度值（OAV）大于或等于 1，对发酵乳总体风味贡献较大。有些嗜热链球菌的菌株还能够形成荚膜和黏性物质，增加酸乳的黏度，改善口感，因此，常用于高黏度搅拌型和凝固型酸乳的生产。当然，上述芳香物或烷烃化合物等含量一般为痕量级，仅对乳制品的色香味产生影响。

🗝 说 明

　　风味是食品最重要的品质特征之一，至今在各种食品的挥发物中已经累计鉴定出 6 000 多种化合物。近年来，科学确定食品关键风味化合物一直是食品色香味化学领域研究的主题之一，这些对特定食品风味起主导作用的化合物被称为该食品的特征风味化合物或关键风味化合物（key odor compounds）。

　　应用顶空固相微萃取-气相色谱-质谱联用法分离鉴定，结合感觉阈值（detection threshold，人类能感受到某种物质的最低浓度），食品色香味化学研究领域以气味活度值（OAV）来量化评价不同挥发性物质对食品总体风味的贡献程度，进而确定关键风味化合物。

　　简单说，气味活度值（odor activity value，OAV），是指嗅感物质的绝对浓度与其感觉阈值之比。OAV 小于 1，说明该组分对总体气味无实际作用；OAV 大于或等于 1，说明该组分对总体气味有直接影响。OAV 值越大，对总体气味贡献越大。

4. 明串珠菌属

（1）明串珠菌属性状特征 明串珠菌属（*Leuconostoc*）是由革兰氏阳性、触酶阴性、兼性厌氧、不形成芽孢、成对或链状排列的球菌组成。该菌属所有的种，均能发酵葡萄糖生成 D-乳酸、乙醇和 CO_2。一般不会酸化凝固牛乳，但可以分解蛋白质，不生成吲哚。明串珠菌属适宜生长温度为 $20\sim25℃$，分为蚀橙明串珠菌科（Leuconostoc citrovorum）和戊糖明串珠菌科（Leuconostoc dextranicus）两类。

（2）明串珠菌产香特性 戊糖明串珠菌科中的柠檬酸明串珠菌（*Leu. citrovorum*）存在于生乳中，能利用柠檬酸形成重要的芳香物质丁二酮（$C_4H_6O_2$，又称 2,3-丁二酮、双乙酰、百联乙酰、二乙酰）等，因此常用于干酪发酵剂。而肠膜明串珠菌乳脂亚种（*Leu. mesenteroides* subsp. *cremoris*），又称乳脂明串珠菌，也同样能利用柠檬酸产生特殊风味物质，所以，这些菌株有时称为"风味菌"或"产香菌"。

肠膜明串珠菌葡聚糖亚种（*Leu. mesenteroides* subsp. *dextranicum*）在牛乳中产酸能力较弱，产香性也不佳，但可产生葡聚糖，用于发酵奶油（酸性奶油）和干酪的生产。肠膜明串珠菌肠膜亚种（*Leu. mesenteroides* subsp. *mesenteroides*）同样能生成葡聚糖，该菌株在自然酸化的乳中可分离到，而生乳中很少见。

（二）丙酸杆菌属

1. 丙酸杆菌性状特征

丙酸杆菌属（*Propionibacterium*）系由一些发酵代谢的最终产物之一为丙酸且呈现不均一性革兰氏阳性杆菌组成的菌属。呈现不规则的短杆状或球形等多形态杆菌，无运动性，触酶阳性，不产生芽孢，兼性厌氧，有不同程度的耐氧性，大多数菌株可在稍缺氧的空气中生长。分解碳水化合物产生丙酸、乳酸、醋酸、乙醇、CO_2 等，适宜生长温度 $30\sim37℃$。

丙酸杆菌是独立的一个属，应注意避免与棒状杆菌、梭菌的某些种相互混淆。丙酸杆菌广泛存在于人类和动物的皮肤，以及呼吸道与肠道中，也是肠道正常菌群的组成成员之一，如痤疮丙酸杆菌（*P. acnes*）、颗粒丙酸杆菌（*P. granulosum*）。

2. 丙酸杆菌在干酪生产中的应用

丙酸杆菌属的一些菌株常应用于干酪等乳制品生产中。其中，詹氏丙酸杆菌（*P. jensenii*）、费氏丙酸杆菌（*P. freudenreichii*）、产丙酸丙酸杆菌（*P. acidipropionici*）、特氏丙酸杆菌（*P. thoenii*）等，能够使某些干酪在发酵成熟中形成独特的气孔和绝佳风味，如埃门塔尔（Emmentaler）干酪、格鲁耶尔（Gruyère）干酪等。

（三）双歧杆菌属

1. 双歧杆菌性状特征

双歧杆菌属（*Bifidobacterium*）是一组革兰氏阳性多形态的杆菌，其典型特征是呈现有分叉的杆菌，细胞形态呈现多样，Y形、X形、V形、弯曲状、勺状等，不产生芽孢，严格厌氧，适宜生长温度 37~41℃，最高生长温度 45℃，最低生长温度 25℃。双歧杆菌属是人和动物肠道健康菌群的重要成员之一，能从母乳喂养的健康婴儿粪便中分离。双歧杆菌对碳水化合物的分解代谢方式，不同于乳酸菌的同型乳酸发酵和异型乳酸发酵，而是经特殊的双歧支路，其间，果糖-6-磷酸盐磷酸酮酶发挥着关键作用，最后生成乙酸、乳酸。

双歧杆菌的培养基中，虽然 18 种氨基酸是首要的，但如果去除其中的天冬氨酸，其菌的活性会降低 50%，如果再减去含硫氨基酸（蛋氨酸＋半胱氨酸），则全部失活，因此含硫氨基酸和天冬氨酸是双歧杆菌营养需要的关键氨基酸。同时，B 族维生素、烟酸、泛酸以及核酸物质也是双歧杆菌营养需求必不可少的，有的菌种还需要叶酸。

2. 双歧杆菌应用

双歧杆菌具有磷蛋白磷酸酶活性，能分解乳中的 α-酪蛋白，有益于乳蛋白的吸收和促进氨基酸代谢，同时，还可抑制腐败菌，从而能有效抑制因腐败菌对蛋白质的分解作用所产生的腐败物质生成，避免这些腐败发酵产物对人体组织细胞产生毒性作用。双歧杆菌所产生的菌体外维生素 B_1 能被人体充分利用。双歧杆菌代谢生成的抗菌物质——双歧杆菌素（bifidin），针对病原菌如病原性大肠埃希氏菌、金黄色葡萄球菌、志贺氏菌等具有抗菌性。

五、嗜冷菌和耐热菌

（一）嗜冷菌

奶牛场和乳制品工厂常用冷藏和卫生清洗消毒方法来控制微生物对产品的污染，以保证生乳和乳制品的卫生质量。但在实际生产中不可避免地要受到微生物的污染，收集生乳的过程，往往也是聚集微生物的过程，特别是嗜冷菌类。

所谓嗜冷菌，是指能在低于 7℃ 条件下生长繁殖的细菌。虽然嗜冷菌的理想生长温度为 20～30℃，但在冷藏温度下仍可生长。这类细菌的大多数可被巴氏杀菌法杀死，但菌体生长过程中产生的胞外酶却具有抗热性，可以在巴氏杀菌乳中保留其酶活性，进而因酶的作用影响生乳和终产品的风味和质量。控制这类微生物污染及有效抑制其在乳中的生长，是提高和改善低温冷藏产品卫生安全的关键。

1. 嗜冷菌及其污染

乳中最常见的嗜冷菌是革兰氏阴性杆菌（GNRS），其中，假单胞菌约占其总数的 50%，而荧光假单胞菌又是其主要的优势菌种。此外，还有其他一些革兰氏阴性杆菌和某些可产芽孢的革兰氏阳性杆菌可在低于 7℃ 下生长，如嗜冷性革兰氏阴性杆菌类的黄杆菌、产碱杆菌和色杆菌属等。

（1）假单胞菌 假单胞菌是呈直的或弯的杆菌，需氧，不发酵糖，触酶阳性，大多菌株氧化酶阳性，可产生扩散性荧光物质。主要见于土壤和水中。乳中假单胞菌的污染来源主要来自以下几种情况。

①挤奶、储乳设备污染：表面清洗不彻底的挤奶和储乳设备是乳中假单胞菌的主要污染来源。土壤和水中的菌体可在设备空隙、连接处、橡胶垫及清洗差的死角处残留的污垢中生长繁殖，如输乳管道、搅拌器、水位量尺、出口、阀门塞口、旋塞阀等附属设备，由于不容易清洗干净而可能成为污染源，因此，有效的卫生制度和清洗消毒措施、使用软水等是控制污染的有效办法。

牛场挤出的鲜乳应尽快送到加工厂加工处理，因为在乳罐中低温储藏会使嗜冷菌不断生长繁殖。如在 7℃储藏了 3d 的乳样中，假单胞菌比刚挤出新鲜生乳的细菌总数高出 10 倍，而脂肪酶高出 280 倍，蛋白酶活力高出 1 000 倍。

②运输、工厂储藏污染：一般采用密封罐车或冷藏车来运输生乳。要彻底清洗罐车，防止在车罐内壁形成乳膜污垢而滋生微生物（特别是嗜冷菌），成为污染源。乳罐车清洗的关键部位有空气呼吸器、过滤网、就地清洗系统（CIP）的喷头等。在运输过程中嗜冷菌常常会生长 2 倍，到达加工厂的细菌总数取决于原始细菌总数和运输旅程。控制原始污染量是降低细菌总数的关键。

实践中，在生乳仓中发现的主要还是嗜冷菌，其中绝大多数是假单胞菌（70.2%），肠细菌约为 7.7%，革兰氏阳性细菌约为 6.9%，还有革兰氏阴性菌、杆状菌等。在 6℃下储藏 48h 的生乳，细菌总数可繁殖 2 个对数级。如原来为 $1.3 \times 10^5 CFU/mL$，则此时可变为 $1.3 \times 10^7 CFU/mL$。在假单胞菌中各菌的检出频率，荧光假单胞菌 I 型为 32.1%，莓实假单胞菌为 29.6%，荧光假单胞菌 III 型为 17.3%，隆德假单胞菌（*Ps. lundensis*）为 19.8%。

③巴氏杀菌后的二次污染：尽管生乳中的革兰氏阴性菌、嗜冷菌不能耐受巴氏杀菌，但从巴氏乳和稀奶油中常常能分离出嗜冷菌，特别是假单胞菌，这主要是杀菌后的二次污染。产品保质期受杀菌后污染程度的制约。试验表明，短保质期乳样（4~6℃，≤5d）分离的菌体几乎都是假单胞菌（90.7%以上），而较长保质期

（4～6℃，≥10d）的乳样中则含芽孢杆菌、假单胞菌等。

　　加工企业的假单胞菌污染源有许多，而设备管道内壁和垫圈等因未清洗干净而滋生微生物所形成的菌体生物膜是最重要的污染源。从电子显微镜上可以看出菌膜上吸附生长的菌体，特别是假单胞菌的黏附能力较强，在膜上极易生长。因此，严格的卫生清洗制度和有效的清洗消毒措施是降低微生物污染的有效办法。

　　生产实践表明，产品的灌装设备及灌装技术是影响巴氏杀菌乳货架期的又一重要环节。科学合理地设计灌装机和工艺流程能够极大地改善产品品质和延长货架期，如采用无菌包装的巴氏杀菌乳在3℃条件下灌装，货架期可达到7d以上。

　　（2）其他嗜冷菌　从生乳、巴氏杀菌乳和奶油中均能分离出可在低于7℃条件下生长的细菌，如产碱杆菌和色杆菌等。采用高温短时巴氏杀菌（HTST，72℃ 15s）对一定微生物污染的生乳实行杀菌时，可以基本将嗜冷性假单胞菌杀死。但是，实验室试验表明，经过巴氏杀菌且采取无菌包装、保证无任何污染的巴氏杀菌乳和奶油，在较低温度（1℃）条件储存一段时间后，仍会发生变质和腐败，其原因是存在能生成芽孢的菌和需氧芽孢菌。

　　奶牛场挤奶厅不可能实施无菌挤奶操作，所以，即使卫生质量极佳的生乳，仍含有少量细菌，其中一半为棒状杆菌和微球菌。据报道，嗜冷性假单胞菌和热不稳定革兰氏阴性嗜冷菌，如黄杆菌、产碱杆菌、色杆菌等，通常是优质生乳微生物菌群的小部分菌群。棒状杆菌、微球菌、节杆菌（Arthrobacter）、链球菌通常既是嗜冷菌又是耐热菌，这些菌体和需氧、厌氧芽孢菌可耐受 HTST 处理。生乳中的芽孢细菌总数变化较大，但其污染细菌总数一般不超过菌落总数的 2%。

　　嗜冷型芽孢杆菌在15℃时表现出最大的出芽活性，在5℃时可能出现第 2 个出芽高峰。升高 HTST 巴氏乳的杀菌温度对保证质量有副作用，因为高于72℃可能诱导芽孢出芽。在发酵乳产酸未达到足以抑制芽孢生长的 pH 之前，芽孢杆菌的生长和出芽是很快的。嗜冷酵母和霉菌也可引起酸乳的变质。

2. 嗜冷性致病菌及其污染

单核细胞增生性李斯特氏菌、小肠结肠炎耶尔森氏菌、蜡状芽孢杆菌和出血性大肠杆菌等是嗜冷性致病菌的代表，可以在8℃或低于8℃条件下生长。实际上，只有其中的蜡状芽孢杆菌是影响巴氏杀菌乳和其他鲜乳制品货架期的主要因素。嗜冷菌的蛋白水解作用，能促使致病菌生长。嗜冷菌污染乳的可能性一般有以下几种情况。

（1）需氧芽孢杆菌 在乳中污染的概率受季节的影响，一般在夏末秋初污染率较高。奶畜乳房上黏附的垫草、土壤是导致乳中的芽孢杆细菌总数较高的主要原因。生乳中污染的芽孢杆菌常见的有蜡状芽孢杆菌、地衣芽孢杆菌（*B. licheniformis*）、凝结芽孢杆菌（*B. coagulans*）、环状芽孢杆菌。不同乳品厂或同一工厂的不同时段，从巴氏杀菌乳中分离出来的芽孢杆菌的数量常常差异很大。

（2）嗜冷型芽孢杆菌 污染生乳会引发成品变质，通过将没有后污染的产品在适宜的条件下培养来实现，一般在3℃条件下放置7周后即发生变质。无后污染的巴氏杀菌乳在7～10℃条件下的保质期，要比已被后污染的产品在3～5℃条件下保质期延长3倍多。

生乳是嗜冷性芽孢杆菌的主要污染来源，而并非是杀菌后的污染。在生乳和巴氏杀菌乳中环状芽孢杆菌的细菌总数低于蜡状芽孢杆菌。在12℃条件下发生变质时，其主要优势菌的依次排序是蜡状芽孢杆菌、棒状杆菌、微球菌和链球菌等。在非无菌包装的巴氏杀菌乳中，嗜冷菌是代表性的污染菌，而且主要是革兰氏阴性菌特别是假单胞菌。

3. 嗜冷菌胞外酶

嗜冷菌不仅可在乳中生长，还可释放出许多可降解乳成分的胞外酶，包括蛋白酶、脂肪酶、磷酸酯酶、胞外多肽酶、糖酶。大多数情况分泌的胞外酶可耐受巴氏杀菌温度（72～75℃），甚至超高温（120～140℃）。嗜冷菌的代表菌株假单胞菌所分泌的蛋白酶和脂肪酶占 60%～70%，即便在超高温灭菌条件下（140℃ 5s），仍可残留酶活性 30%～40%，这是由于这些酶的耐热特性受到乳蛋白保护的影响而提高了稳定性。

(1) 蛋白酶　假单胞菌的多数蛋白酶是金属蛋白酶，一些假单胞菌可产生多种蛋白酶。大多数蛋白酶具有凝乳特性，可降解 κ-酪蛋白、α-酪蛋白、β-酪蛋白，对未变性乳清蛋白的酶解活性较低。酶反应温度在 30～50℃，在高出理想温度时酶活急速下降，但有文献报道所有蛋白酶在低温 4℃下仍可保持活性。荧光假单胞菌蛋白酶的热稳定性较高，但大多数其他蛋白酶在 60℃左右是不够稳定的。酶的热稳定性对产品质量影响很大，因为在巴氏杀菌乳和超高温灭菌乳（UHT 乳）中耐热蛋白酶会导致产品变质（如苦味、酸味等）。

(2) 脂肪酶　乳中的脂肪水解不如蛋白水解明显，从荧光假单胞菌产生的脂肪酶与脂肪结合或形成脂肪酶多糖复合物。一般认为，假单胞菌只产生一种脂肪酶，主要对乳脂肪有典型的表现活力。乳中发现的最重要的脂肪酶之一是磷脂酰胆碱酶，即磷脂肪酶，可水解乳脂肪膜导致脂肪释放并聚集，使脂肪更易被乳源性脂肪酶水解。

荧光假单胞菌脂肪酶的理想 pH 为 7～8，然而，在 pH5～11 时均可保持酶活力，酶反应温度为 22～55℃，但也发现在 -29℃下酶仍有活力。大多数脂肪酶的分子质量为 32～633ku。脂肪酶在 130℃杀菌温度下仍保留活力。荧光假单胞菌脂肪酶可耐受巴氏杀菌和 UHT 灭菌而残留酶活性，从而影响产品的保藏性。

(3) 磷酸酶　除蛋白酶和脂肪酶外，还有其他一些胞外酶如磷酸酶等可能进入乳中，如产碱杆菌的磷酸酶、无色杆菌的磷酸酶，以及微球菌磷酸酶、不动杆菌磷酸酶、芽孢杆菌磷酸酶等。在此不详述。

4. 嗜冷菌对品质的影响

一般来说，巴氏杀菌乳和灭菌乳的质量，受其中蛋白酶、脂肪酶的影响。当生乳在超高温（UHT）灭菌前，如果乳中的嗜冷菌达到 $1 \times 10^6 CFU/mL$，经杀菌保存时，不出 20 周即发生凝胶化（冻化）现象；若为 $(0.9 \sim 2) \times 10^7 CFU/mL$，将在 $2 \sim 10$ 周发生凝胶，并逐渐产生不新鲜风味或苦味等质量缺陷。

蛋白酶和脂肪酶可导致干酪产量降低或引起风味缺陷（如酸败味、肥皂味）等。但蛋白酶对干酪的副作用相对较小，而脂肪酶却通过与脂肪等物质的结合而保留在干酪中，因此，由脂肪酶引起的风味缺陷更为突出。过度的脂肪水解作用，能导致不良风味的出现，通常乳中的嗜冷菌为 $(0.5 \sim 3) \times 10^8 CFU/mL$ 时即可产生这种缺陷。

奶油受到耐热脂肪酶的作用会产生相应水解酸败，原因是奶油水滴相中假单胞菌生长而产生酸败或腐败气味。奶油对嗜冷菌脂肪酶非常敏感，风味不良是嗜冷菌在奶油中过度繁殖导致的缺陷。用嗜冷菌污染严重的生乳生产酸牛乳和发酵制品也会出现不良风味，如苦味、不洁味等缺陷。

嗜冷菌的存在，将对终产品有显著的不良影响。经巴氏杀菌后二次污染的，即便假单胞菌的细菌总数较低，对产品保质期影响也要大于生乳中细菌总数的影响。完全杜绝诸如假单胞菌之类嗜冷菌的污染几乎是不可能的，因此，同时采取限制酶释放的方法比单纯控制污染更有效。

理论上讲，常用的既能控制污染，又能抑制酶产生的方法有加热处理（$60 \sim 66^\circ\text{C}$ $5 \sim 20s$）、借助添加剂（CO_2、N_2）、高压处理、微生物拮抗作用、提高乳中过氧化物酶活性、加入产细菌素乳酸菌、低温灭酶法等。但必须指出的是，上述方法应用必须建立在符合我国法律法规的前提下。目前，我国乳制品生产应用最多的方法仍是加热杀菌。

（二）耐热菌

所谓耐热菌是指在实验型巴氏杀菌温度下可以存活的菌体。乳酸细菌、芽孢杆菌通常可 100% 存活；一些微球菌的耐热性差；产碱杆菌仅有 1%～10% 存活；链球菌、乳杆菌和一些棒状杆菌是耐热菌，可在 60℃ 下耐受 20min，但仅有 1% 左右的菌株可耐受 63℃ 30min。以下为常见的耐热菌。

1. 芽孢杆菌属

芽孢杆菌属是乳中污染的主要耐热菌类。乳中常见的有枯草芽孢杆菌、地衣芽孢杆菌、蜡状芽孢杆菌等。该类菌为革兰氏阳性杆菌，需氧，内生芽孢，可使乳胨化。在乳制品中主要的芽孢杆菌是蜡状芽孢杆菌。

除上述特性外，该菌类的大多数菌株可产生蛋白酶、淀粉酶、磷脂酰胆碱酶，也可发酵葡萄糖、果糖、海藻糖、N-乙酰葡萄糖胺、麦芽糖等，一般在 5～6℃ 下仍可生长，最佳生长温度为 30～37℃，最高生长温度为 37～48℃。最低生长 pH 为 4.3，最高为 9.3。该菌既能在有氧条件下生长良好，又能在厌氧条件下通过发酵葡萄糖和还原硝酸盐而生长。

（1）芽孢的形成 形成芽孢的过程比较复杂，一般多发生在对数生长后期和稳定早期。即使在适宜条件，形成芽孢仍需 6～24h。冷藏条件不会形成芽孢，但当菌体生长耗尽营养时，就可能形成芽孢。有时残留于设备管道中一些含有乳成分的薄膜，容易生长芽孢。

芽孢发芽率依赖于环境温度，在适宜温度下发芽不需要 1h 即可完成。在乳制品加工中，高温短时的巴氏杀菌热处理可激活芽孢发芽。芽孢被激活后，因加热处理而在乳中形成刺激出芽的物质，造成芽孢出芽率提升。

芽孢的菌耐热性因菌株不同而有差别，虽然芽孢不被高温短时间杀菌（HTST）杀死，但 UHT 可将其杀灭。其典型 $D_{100℃}$（热致死时间）为 $0.3～10min$，而嗜热脂肪芽孢杆菌的 $D_{100℃}$ 为 3 000min，但芽孢杆菌滋养体或繁殖体容易被巴氏杀菌灭活。

（2）芽孢杆菌毒素及其危害 蜡状芽孢杆菌是许多食品的污染菌，能引起人类食物中毒。一般在食品中含有 $1×(10^5～10^8)$ CFU/mL 活菌时，即可能引起以呕吐、腹泻、肠绞痛等为症状的食物中毒。

这类菌株还能产生 3 种肠毒素和 1 种致吐毒素。致吐毒素毒性比肠腹泻毒素的毒性更大，严重的可引起死亡。该种毒素是环肽物，含有 12 个修饰的氨基酸，极耐热，甚至耐受 121℃ 1h 的热处理。青少年和老年人群是主要易感人群。在超高温灭菌的乳制品中，偶尔可发现由芽孢杆菌及其酶作用而产生的甜性凝固现象。

在乳粉中特别是婴幼儿配方乳粉中，绝对不允许检出蜡状芽孢杆菌。试验检测发现，在生产中，乳的浓缩蒸发工序，有时会使芽孢发芽并有可能形成繁殖，而且在后序的杀菌和喷雾干燥中也不能被杀死，使终产品中含有芽孢杆菌及其芽孢风险程度增大。因此，乳粉生产的浓缩单元应严格执行清洗消毒程序，特别是严控连续生产的时间，不可超长。

乳品杀菌设备的设计制造中，就是利用芽孢杆菌属的特性来检测 UHT 设备的灭菌效率，通常使用枯草芽孢杆菌（*B. subtilis*）和嗜热脂肪芽孢杆菌（*B. stearothermaphilas*）的芽孢作为实验微生物（目标菌），因为这些菌株尤其是嗜热脂肪芽孢杆菌，往往会形成相当抗热的芽孢。肉毒梭状芽孢杆菌通常用于二次灭菌工艺设备（听灌装类、罐灌装类）的灭菌效率测定。

2. 梭状芽孢杆菌

梭状芽孢杆菌是革兰氏阳性菌，在无氧或微氧、营养丰富的条件下均可生长。生长温度范围为 3.3～80℃，最适宜温度为 25～40℃。多数为非致病性菌，少数菌体具有较强致病性。许多梭状芽孢杆菌能引起乳制品品质上的缺陷。

（1）种类与风险 该菌广泛分布于土壤、灰尘、水源、垃圾、动物和植物体内，即使健康的动物体内肠道也常常带有一些芽孢。乳中常见的菌种有生孢梭菌（*Clostridium sporogenes*）、产气荚膜梭菌（*Clostridium perfringens*）、丁酸梭菌（*Clostridium butyrium*）、酪丁酸梭菌（*Clostridium tyrobutyrium*）、拜氏梭菌（*Clostridium beijerinckii*）、肉毒梭菌（*Clostridium botulinum*）等。

肉毒梭菌可产生耐热性的神经毒素，产气荚膜梭菌可产生结肠炎肠毒素，而丁酸梭菌可产生导致婴儿坏死性结肠炎的肠毒素。通常在生乳中极少，但在未经充分酸化的干酪中能生长。

梭状芽孢杆菌在干酪产品成熟过程中可产生脱羧酶，使干酪中的游离氨基酸脱羧生成有毒性的生物胺，如组氨酸脱羧产生组胺，可致血管扩张而出现低血压，面颊潮红，头疼，甚至小肠平滑肌收缩而导致呕吐和腹泻症状。

(2) 污染来源　虽然污染生乳的细菌种类有很多，其菌体数量很多，但对梭状芽孢杆菌来说，在生乳的污染数量并不大，在正常情况下，生乳中的芽孢数通常为 $10 \sim 100 CFU/mL$。如果奶牛饲喂品质不良的青贮饲料，其生乳中的芽孢数能达到 $1\,000 CFU/mL$ 以上，多为产气荚膜梭菌、酪丁酸梭菌，占总厌氧芽孢梭菌的 75% 以上。

实践表明，乳制品中的梭状芽孢杆菌污染主要来源于生乳，而且多见于冬季，在青贮饲料中检出率相对较高，特别是腐败的劣质饲料。有研究数据显示，从干酪、干酪酱以及奶油、巴氏杀菌乳、乳粉、甜炼乳、酸乳、冰激凌等产品中分离出的菌落总数一般为 $10 \sim 100 CFU/mL$。

(3) 对干酪和奶油的影响　乳制品的质地和风味受梭状芽孢菌生长和代谢的影响，属一类典型腐败菌。如硬质干酪成熟中发生的一种质量缺陷，称作"后膨胀（late blowing）"，原因是酪丁酸梭菌使干酪内形成大的网孔，致干酪膨胀、鼓起和断裂。酪丁酸梭菌代谢所产生的 CO_2、H_2 是形成气孔和膨胀的原因。当酪丁酸梭菌为 $2 \times 10^5 CFU/L$ 时，就可能导致干酪出现后膨胀质量问题。

酪丁酸梭菌的生长与干酪成熟的时间、食盐含量、乳酸浓度和温度有关，也受 pH、脂肪含量、杂菌数量，以及干酪形状、大小和质地的影响。在发生严重"后膨胀"的硬质干酪中，能检出的酪丁酸梭菌芽孢数量可达 $1 \times (10^4 \sim 10^7) CFU/g$，生孢梭菌的芽孢数量达 $1 \times (10^3 \sim 10^6) CFU/mL$。

20 世纪 80 年代末，笔者在荷兰乳品研究所（NIZO）研修时，NIZO 干酪厂对生乳检测验收中，专门增设了酪丁酸梭菌项目检查。当生乳中的酪丁酸梭菌超过 1CFU/mL 时，该批次生乳则不得用于生产制作哥达干酪（Gouda）、格鲁耶尔干酪（Gruyère）、埃门塔尔干酪（Emmentaler）等硬质干酪。

虽然酪丁酸梭菌会影响乳制品的品质与风味。但是，笔者在 NIZO 奶油厂发现，当奶油中含有酪丁酸梭菌时（含量为 2～3CFU/mL），奶油成品的风味却非常诱人，奶油能够显现出极佳的风味口感。这一现象很是耐人寻味，虽然当时与 NIZO 品控人员共同研讨和分析，但始终未弄清楚究竟何由，初步估计可能是由于酪丁酸梭菌的脂肪酶作用。这也再次说明了乳制品色香味化学的复杂性。

3. 棒状杆菌

棒状杆菌是一类非运动性的革兰氏阳性杆菌。与奶业关系较大的菌是微杆菌属（*Microbacterium*）。在乳与乳制品以及乳品厂的设备器具等，棒状杆菌检出率往往较高，为一种高度耐热的微小杆菌，最适温度是 32℃。通常分为乳微杆菌（*Microbacterium*）和黄色微杆菌（*Microbacterium flavescens*）两类。前者可使淀粉分解，发酵麦芽糖，能耐 72℃ 30min，属高度耐热菌。

（三）嗜冷菌和耐热菌限定标准与检验

1. 学生饮用奶"白雪计划"标准

2000 年，中国开始实施学生饮用奶计划，在利乐公司积极参与支持下，专门启动了"学生饮用奶奶源升级计划"（也称白雪计划），旨在保障学生饮用奶生乳原料的质量安全，全面提高学生饮用奶定点生产企业的奶源质量和安全水平。

2005 年，国家学生饮用奶计划部际协调小组办公室（原农业部农垦局），针对生产学生饮用奶所用生乳的芽孢菌和嗜冷菌限定指标，经专门调查与研究，首次发布了具体标准要求，为保证学生饮用奶的奶源质量安全发挥了重要作用（表 2-3）。

表 2-3 我国学生饮用奶生乳的芽孢菌和
嗜冷菌推荐性要求和可接受水平

项目		推荐要求	可接受
芽孢菌总数（CFU/mL、CFU/g）	≤	100	1 000
耐热芽孢菌（CFU/mL、CFU/g）	≤	10	100
嗜冷菌（CFU/mL、CFU/g）	≤	1 000	10 000

2. 嗜冷菌的检测

（1）检验方法 嗜冷菌菌落总数有两种常用的检测方法，也适用于计数假单胞菌。嗜冷菌的传统计数方法是在普通琼脂平板上，7℃下培养 7d；另一方法就是快速法，与传统方法相关性非常高，即在普通琼脂平板上，21℃下培养 25h，也是基于嗜冷菌的最适生长温度为 20～22℃。

（2）非选择性培养基 用于假单胞菌计数的非选择性培养基有多种，如普通琼脂平板、胰酶大豆琼脂、氯化三苯基四唑琼脂（crystal violet triphenyltetrazolium chloride agar）、麦康凯琼脂、伊红美兰琼脂等，均可用于嗜冷菌菌落的计数。

（3）选择性培养基 为提高测定荧光假单胞菌方法的特异性，让培养基能够促进菌体生成典型的绿色荧光物质，即绿脓菌荧光素，以便在紫外灯下观测和计数，可使用含有各种选择性抑菌物质的培养基，如新霉素、青霉素 G、放线菌素等。

培养计数假单胞菌时，为防止受到其他一些革兰氏阴性菌的干扰，可在培养基中加入选择性抑制剂，如先锋霉素、梭链孢酸钠（Fucidin）、溴化十六烷基三甲胺（Cetrimide）。这种培养基能有效地抑制革兰氏阳性菌及其他革兰氏阴性菌生长，提高假单胞菌的检出率和准确性。

3. 耐热菌的检测

（1）耐热菌 首先，取样品进行实验室巴氏杀菌处理，即 62.8℃ 30min 或 80℃ 5min，快速冷却至室温，然后按普通营养琼脂平板计数的方法测定乳中的耐热菌数量。耐热菌应低于100CFU/mL。如果小于 10CFU/mL，则说明设备的卫生质量较好。

（2）耐热芽孢　取样方法同上，进行实验室的高温杀菌（100℃ 10min）后快速冷却至室温，然后按普通营养琼脂平板计数法倾注融化的琼脂，并在凝固后将平板置于 55℃下培养 72h，测定乳中的耐热芽孢数。

耐热菌和耐热芽孢数检测时的加热处理方法是取两个中试管，其一放入水并插入温度计，便于观察温度；另一管，则放入乳样，然后在同样条件下加热处理，并快速在凉水中冷却，用于测定。样品管要用棉塞盖严，以免被污染。

（3）梭菌　通常情况下，一些梭状芽孢杆菌不能发酵乳糖，特别是丁酸梭菌和酪丁酸梭菌不能在乳中正常生长，但它们能利用乳酸盐和乙酸盐进行生存和繁殖，因此，在干酪或奶油中能够生长。

硫酸盐还原酶是梭状芽孢杆菌的共同特征。在培养基中加入小于 0.05％的硫酸钠、硫酸铁，再加入半胱氨酸和巯基乙酸盐，如有梭菌生长则会在培养基中有黑色沉淀，含乳酸盐培养基可产生气体。常用选择性培养基为硫酸盐-多黏菌素-磺胺嘧啶琼脂（SPS 琼脂）。在厌氧条件，30～37℃下培养 3d，形成黑色菌落者即梭菌，按平板稀释法计数（菌落总数）。另外，也可采用分子生物学技术和免疫学方法来检出梭菌。

（四）嗜冷菌和耐热菌控制

如上所述，嗜冷菌和耐热菌对生乳的污染是不可避免的。生乳被污染后，菌体在乳中的生长繁殖及其释放的各种微生物酶使乳中固有的营养成分被利用，发生了部分分解，同时，产生了菌体的其他代谢产物，不仅降低了生乳品质和卫生质量，还会进一步影响到最终产品的风味、质地、保质期甚至卫生安全。因此，从源头控制菌体的污染程度，降低相关微生物在乳中的活动，是减少微生物对乳制品质量影响的有效途径。

1. 乳品加工"第一车间"

从质量安全角度说，牧场是乳制品加工"第一车间"。在保证奶畜健康的前提下，良好的挤奶工艺和设备卫生管控是保证生乳质量的重要条件。

无论是嗜冷菌还是耐热菌，其主要污染来自土壤、饲草、垫草、饮用水和清洗用水、牛体、牛舍环境（空气）等。青贮饲料中梭状芽孢杆菌较多。提高牛舍卫生状况，保证牛舍和牛体的清洁卫生，可大幅降低生乳的污染程度。

严格执行有效的挤奶设备和储乳罐、奶罐车的清洗消毒，将会显著降低挤奶后的再污染，有效控制微生物在生乳储藏和运输中的生长和酶解，提高生乳品质。

2. 关于"预杀菌"

在国外，一些奶牛场或乳品厂有时会对生乳进行预巴氏杀菌（62～68℃ 15s），这种预杀菌可有效减少生乳中的部分嗜冷菌和腐败菌及其酶活性，而对乳成分和风味没有明显影响，从而延长了产品的保质期，提高了产品的品质。但也有研究认为，预杀菌也会刺激某些芽孢杆菌发芽，温和的热处理能使许多芽孢恢复生长。替代预杀菌的有效方法是将生乳储藏在更低的温度下（低于2℃），但制冷耗电成本高。

如果施用预杀菌，必须严格遵守执行真正的预巴氏杀菌条件，即62～68℃ 15s。有的国家为此专门设有法规来严格限定预巴氏杀菌的工艺参数条件，以防止生乳被过度加热处理。如何运用合适的预杀菌或预巴氏杀菌工艺，行业各方应重点关注。

说明

关于低温巴氏杀菌在乳制品生产中的应用，有一种情况是毋庸置疑的，就是生产干酪时，对生乳采用低温的杀菌能显著增加干酪的出品率，因此，干酪实际生产中普遍采用72℃ 15s的杀菌参数。这是因为低程度的热处理可降低 β-酪蛋白和 Ca 从酪蛋白胶体结构中的解离，同时降低了微生物蛋白酶对乳蛋白的降解，提高了干酪的成品得率，从而保证了干酪良好的品质风味。欧洲有的干酪生产中，甚至采用 46℃保持 30min 的热处理杀菌工艺来处理干酪的生乳。但是，需要指出的是，采用卫生质量极佳的生乳为干酪原料，是应用这一方法的基本前提条件。

3. 除菌新技术

随着现代加工技术发展，生乳已开始采用离心除菌和微滤（陶瓷膜）除菌技术，前者可除菌 90%，而后者可除菌 99%以上。该技术可除去生乳中的孢子，是离心除菌技术在乳制品加工的具体应用。

北京三元等国内一些乳品加工企业已开始应用生乳除菌技术来生产巴氏杀菌乳。如"延长货架期"巴氏杀菌乳（extended shelf life milk，ESL），有时也称为"ESL 奶"。该产品是以生乳为唯一原料，经过特殊陶瓷膜过滤与离心除菌等工艺处理后，再结合低温巴氏杀菌处理，并以无菌灌装手段而制成的低温巴氏杀菌乳，冷藏条件下通常可达 8～12d 的保质期。如果生乳菌落总数控制得更低，生产制造环境管控得更好，其保质期可达 30d 左右。

4. 抑制芽孢生长

虽然国外乳制品生产中，已有许多预防芽孢菌生长应用技术的实例，如在干酪生产中使用硝酸盐、多聚硝酸盐、乳链球菌素（nisin）、纳他霉素等来抑制芽孢菌的生长繁殖。但是，在此特别需要指出的是，在我国，这些添加物的种类使用及其添加用量，须遵守食品安全国家标准及食品添加剂的相关规定。

可能潜在外源污染的管控与分析

随着现代分析手段和方法的不断应用和改进，很多以前根本检测不到的极低浓度的化学物质（微量或痕量）现在已被逐步认识和发现，进而不断被引入奶业质量安全风险分析中，加以有效控制。了解和掌握乳中可能存在的外源性污染物及其风险知识，对开展风险分析和实施管控具有重要意义。

防控与乳和乳制品有关的潜在外源性污染物的总原则，应确保符合《食品安全国家标准　食品添加剂使用标准》（GB 2760）、《食品安全国家标准　食品中真菌毒素限量》（GB 2761）、《食品安全国家标准　食品中污染物限量》（GB 2762）、《食品安全国家标准　食品中农药最大残留限量》（GB 2763）的规定。

一、分析控制可能的药物污染

（一）概述

随着现代分析手段和方法的不断应用，食品中很多以前无法检测到的极低浓度的化学物质，以微量或痕量级单位的形式被人们逐步认知。乳与乳制品也可能被广泛存在的有潜在危害作用的化学物质污染，这些微量或痕量级的化合物可能会通过直接或间接的途径进入乳中，如二噁英、重金属等环境污染物。

1. 安全评价准则

由于乳制品在人们的饮食结构中占有越来越高的比例，潜在的化学污染问题已引起广泛关注。单单对这些化学物质的检测并不能帮助人们了解其对人类健康的危害程度，科学的安全性评价与危害分析则显示出了更重要的作用。应根据评估分析的结果，逐步建立为确保产品安全的一系列质量安全标准和管控措施。

2. 关于 ADI 和 MRL

通过对毒性和剂量的安全性评价来评价乳制品在人群中存在的可能有害影响。针对在乳中发现的大多数污染物，中国及其他国家和组织已规定了一个致毒性最低剂量，通过建立安全标准如日允许摄入量（ADI）或暂定周可耐受量（PTWI）以确认它们的安全性。这些标准通常来自毒性研究机构获得的无明显损害水平（NO-VEL），是指人类终生每日或每周摄入该物质后对健康不产生任何已知不良效应的剂量。

农药最高残留限量用 MRL 值表示。MRL 值是由每日容许摄入量（ADI）值演化而来。ADI 指人或动物每日摄入某种化学物质（食品添加剂、农药等），对健康无任何已知不良效应的剂量。通常用相当于人或动物体重（千克）的数量（毫克）表示，单位是 mg/kg。

说 明

> 与 ADI 相似的概念，还有每日耐受摄入量（PMTDI，简写 TDI）。PMTDI 是指人群中个体终身通过各种摄入途径每日从环境介质（空气、水、食物）中摄入某物质而不致引起健康危害的最大剂量，单位为每千克体重的数量（mg）。每日耐受摄入量，是在无明显损害水平（NOAEL）的基础上给予一定的安全系数后而制订的，适用于那些非特意添加的物质，如食品中污染物的要求。PMTDI 在奶业应用具体示例，见专题四中的"婴幼儿配方乳粉"相关内容。

3. 数量风险评估

需要指出的是，必须考虑到这些安全标准能覆盖所有来源（如食物、空气、水）的摄入量。因此，若想对一种污染物的安全性进行全面评价，对所有摄入量的相关来源都应配以一定的标准。一些具有遗传毒性的物质通过直接与 DNA 反应产生毒性而导致突变，对于这样的毒性物质，ADI 的概念就不适用。因此，现在已经研究出了不同的评价方法，目的在于尽可能降低污染水平至可接受程度，实施一个包括剂量作用关系在内的数量风险评估体系。

在安全风险评估中，必须特别注意特殊消费群体。因为乳与乳制品作为摄取营养物主要来源，对特殊群体来说占较大食用比例。就单位体重来看，婴幼儿和儿童对乳的消费量比成人要高得多。现在已经知道有一些在乳中存在的污染物如多氯联苯等，就其毒性影响而言，正在发育的生物体比成熟的生物体具有更高的敏感性，因此可能具有更大的风险和危害。了解和掌握关于乳与乳制品可能的主要污染物或可能潜在的有害物，是准确实施危害分析的重要前提。

（二）农药

1. 概述

20 世纪 40 年代以后，世界各国开始应用化学农药，杀灭能传播疾病的昆虫和害虫。早期使用的化学药品包括有机氯如双对氯苯基三氯乙烷（DDT）、异狄氏剂（杀啮齿类药剂）、六氯苯（全氯代苯，hexachlorobenzene）、林丹（高丙林，lindane）等。这类化学药品具有较强的抗降解性，能在自然环境中持久存在，并在生物圈中循环累积。

为避免这些不利因素，后来使用易分解的有机磷酸酯类农药加以代替，多数国家包括我国早已禁止使用有机氯化合物。目前，环境和乳制品中有机氯残留已呈连续下降趋势，对乳制品中主要有机氯残留量的跟踪调查已印证了这一点。

虽然有调查研究显示，1978 年和 1994 年西班牙不同地区的灭菌乳（UHT 乳）中有机氯的残留水平（总 DDT、六氯苯、林丹、艾氏剂、狄氏剂、七氯环氧化物），与 1974—1981 年相比已显著下降 50％以上，但仍需监测有机氯残留量，预防从以前污染的环境进入乳中，尤其是以放牧为主的干旱地区。

有机氯及其代谢物已被归类为持续性有机污染物（POPs）。在联合国环境计划署倡导下，我国及其他约 100 个国家共同签署了一个条约，专门用于禁用和控制 11 种持久性有机污染物（艾氏剂、氯丹、DDT、狄氏剂、异狄氏剂、七氯杀虫剂、灭蚁灵、六氯苯、聚氯联苯、二噁英和呋喃）的排放。

2. 污染途径与防控

从全世界看，乳中的农药残留可能有多种潜在来源，包括环境（水、土壤、空气）中的农药残留、农药对饲草料的污染、对环境灭螨杀虫等活动所造成的直接污染。

许多案例表明，与奶业相关的农作物以及饲草生产，只要严格执行农药使用规范管理，并且实现对作物地块的安全用药历史的可靠性追溯，同时，遵守奶牛良好农业规范（GAP）对其他相关投入品的残留技术监控，就能有效地杜绝乳中的农药残留。

3. 法规与检测方法

《食品安全国家标准 食品中农药最大残留限量》（GB 2763），是我国监管食品中农药残留的强制性国家标准，对涉及的奶制品做出了严格的明确限量规定。与奶业质量安全风险有关的农药使用规定，详见附录部分。

通常采用多组分残留分析方法筛选，以检测其中的残留组分是否符合法律规定。现在多使用带有选择性检测器的毛细管气相色谱来检测农药残留。为在复杂的食物成分中检测出痕量的农药残留，分析方法中还包括样品洗脱过程（如凝胶层析色谱、硅胶、合成硅酸镁柱）。用有不同极性的气相色谱柱可测定残留组分，但在大多情况下使用非选择性检测器质谱仪对测定物进行鉴定和分析。

（三）抗菌药物

抗生素是一类由微生物和其他的生物在生长活动中合成的次生代谢产物或衍生物。即便浓度很低，也能够抑制或干扰病原菌等的生命活动。抗生素是个传统的定义，现在临床应用的抗菌药物还包括呋喃类、磺胺类等几类合成药物。抗生素兽医临床常用于治疗呼吸系统、消化系统、生殖系统等感染。

研究证实，抗生素在乳中十分稳定，基本不受温度的影响，无法通过常压下的一般物理方法进行有效破坏或分解，乳中残留的抗生素具有较好的稳定性。试验表明，生乳经加热杀菌或灭菌均无法将其破坏。如青霉素在 62℃时，经 30min 热处理，其含量仅减少3.2%；在 71℃ 下，经 30min 热处理其含量仅减少 10.1%；在121℃下，经 30min 热处理，其含量仅减少 59.7%。另有试验显示，抗生素阳性的超高温灭菌乳，即便在室温放置 5d 仍呈阳性，11d 后才转阴性。

随着经济的发展和生活水平的提高，人们逐渐认识到乳中残留抗生素的潜在危害，对生乳质量提出了更高的要求。

1. 来源

抗菌药物被用于防止细菌感染或防治疾病。导致乳中可能有抗生素残留的原因比较复杂。抗生素是最普遍使用的抗菌药物，常被用来抑制奶牛乳腺炎的病原体。

我国及世界其他国家和国际组织，为预防被用于奶牛的抗菌药物可能会进入乳中，对每种药物都有一个明确的休药期规定（或弃奶期规定），确保在休药期奶牛体内的药品浓度下降并且药物被排出体外，同时，要求奶牛场保证对治疗的奶牛全部实施单独挤奶，保障其所产生乳不混入其他正常乳中去，不进入食物链。相关规定见后面附录。导致生乳中可能会有抗生素的残留主要有以下几方面原因。

（1）临床治疗 全世界治疗奶牛乳腺炎、子宫内膜炎、呼吸道系统等疾病均使用抗生素。治疗奶牛腹膜炎、创伤性网胃炎、感冒、慢性和继发性胸膜炎，以及产后病症和腐蹄病等也常用到抗生素。在治疗时，往往使用乳房灌注、肌内注射、静脉注射等给药方式，剂量也很高。药物经体内代谢，多数抗生素可经乳汁排泄，这样就增加了乳中抗生素残留的可能性。其中，治疗奶牛乳腺炎是造成乳中抗生素残留的主要原因。

奶牛乳腺炎是奶牛最主要的常见疾病之一，诱因与微生物感染密切相关。轻者产乳量下降，重者乳腺失去泌乳能力。目前，已研究报道的奶牛乳腺炎病原多达 80 多种，主要是细菌感染。据报道，美国泌乳奶牛约 50％患乳腺炎，日本泌乳奶牛平均患病率为 45.1％。抗生素作为治疗药物在奶牛乳腺炎的控制中起了极其重要的作用，如管控不当，也会增加乳中抗生素残留风险。

（2）不符合用药规定　奶牛患病时，如果在用药剂量、给药途径、用药部位和用药种类等方面不符合用药规定，会延长药物在奶牛体内存留时间，从而需要增加休药期。提高从业者对抗生素使用的认知水平，避免盲目地施用抗生素至关重要。有关细菌耐药性增强已引起各方高度关注。严格控制药物剂量，执行合规疗程，确保疗效的同时，避免发生兽药残留超标，已成为奶畜养殖业的共识。

（3）未执行休药规定　简单说，休药期系指畜禽停止给药到许可屠宰或其产品（乳、蛋）许可上市的间隔时间。休药期的规定是为了减少或避免动物性食品中的药物残留。在休药期间，动物组织或产品中存在的具有毒理学意义的药物残留，能够逐渐降低直至达到安全水平。如果休药期未到就开始出售生乳，含有抗生素的生乳就会污染其他正常生乳，导致乳中存在抗生素残留。

（4）挤奶环节污染　奶牛的排泄物中若含有抗生素，则难免污染乳房，从而污染正常乳。试验表明，使用抗生素治疗的奶牛，其所用过的挤奶杯若继续用于其他正常奶牛挤奶，也会导致正常牛的乳中残留抗生素。按国际通用的最高限量单位换算，一个治疗剂量的抗生素（青霉素）足以污染 200t 的生乳。因此，加强治疗牛隔离管理，休药期内做到单独挤奶，预防抗生素乳混入常乳极其重要。

对奶畜饲料生产、市场商品饲料、奶畜养殖及临床治疗等环节实施严格监管，加强相关方抗生素防范管控意识和措施，能够有效杜绝人为混入抗生素的风险。美国兽医医学中心（CVM）调查结果显示，兽药残留情况中，不遵守休药期的占 51％，使用未批准药物的占 17％，没有用药记录的占 12％，其他情况的占 20％。

2. 残留管控

需要特别提示的是，与奶牛有关的兽药使用规定，我国及其他国家和国际组织已做出了牛奶中兽药最大残留限量的明确相关规定。奶牛等家畜有关禁用药物，参见本书附录部分。抗生素的种类很多，抑菌谱和作用机制也有很大差异。其中，常见的抗生素约30余种。从质量安全角度，有必要在此举例分析，目的是做好抗生素残留的预防控制工作。

（1）青霉素类　也称苄青霉素、S青霉素、盘尼西林。青霉素包括天然青霉素和合成青霉素。天然青霉素主要有青霉素G和青霉素的钾盐、钠盐、普鲁卡因盐及苄星青霉素等。其主要通过抑制细菌细胞壁的合成而达到抗菌目的。

在临床上主要通过乳房、子宫内灌注或肌内注射等给药途径来治疗奶畜乳腺炎、子宫内膜炎及其他疾病，如创伤性网胃炎、腹膜炎、呼吸道疾病等。临床治疗奶畜时，因给药途径及给药量的不同，经机体代谢后由乳汁中排泄的量也会不同。青霉素类是乳中残留抗生素的主要种类之一。

研究证明，如果肌内注射苄星青霉素，在乳中发现可检出量约达90h之久。肌内注射 300×10^4 U的普鲁卡因青霉素，在给药后连续3次挤出的奶中都会有青霉素残留。乳房内注入 10×10^4 U青霉素水溶液，经24h后，其分泌的乳中仍有4.26U/mL残留量。经子宫给药，乳中可检测到0.1～11U/mL含量，而且在治疗后48h仍能检出。

🔲 说　明

药理学研究证明，青霉素对生长旺盛的细菌抑制作用较强，对静止状态下的细菌抑制作用较弱或无作用。在人体内大量繁殖的有益菌群如果长期与食品中低剂量的青霉素接触，部分敏感菌会被抑制或杀死，耐药菌或条件性致病菌则由于受青霉素的选择性作用或失去有益菌的拮抗作用而得以繁殖，微生态平衡遭到破坏，使机体易发生感染性疾病，并且由于耐药性而导致疾病难以治愈。

（2）头孢菌素类 为一类半合成广谱抗生素，包括头孢噻吩钠（先锋Ⅰ）、头孢氨苄（先锋Ⅳ）等。临床上多数用来治疗泌尿系统、呼吸系统等感染，在治疗奶牛疾病时不常用，其绝大多数经尿液和粪便排泄，乳中残留量很少。

（3）氨基糖苷类 包括链霉素、庆大霉素、卡那霉素、新霉素等。氨基糖苷类药物主要抑制细菌蛋白质的合成，对葡萄菌属、需氧革兰氏阴性杆菌及结核杆菌属均有抗菌活性，动物肌内注射后大部分以原形经肾脏排出。

链霉素常与青霉素配合使用，可用于治疗奶牛呼吸道系统疾病、腹膜炎以及结核病等，也有用来治疗乳腺炎的。其主要由肾脏排泄，经乳中排出的很少。卡那霉素和新霉素可用于治疗奶牛大肠杆菌感染引起的支气管炎，其在乳中残留量甚微。

（4）四环素类 是一类碱性广谱抗生素，包括四环素、金霉素、强力霉素等。临床上常用于口服和肌内注射，也有用四环素经子宫注入来治疗奶牛产后子宫内膜炎的，四环类药可经泌乳排出。有研究报道，如果金霉素按 400mg 或更高剂量，可在乳中达到可检出浓度。

（5）大环内酯类 是一类弱碱性抗生素，对革兰氏阳性菌、革兰氏阴性菌、支原体、衣原体有较好的抑制作用，包括红霉素、泰乐菌素、替米考星等。其中，红霉素被用于治疗奶牛肺炎、子宫炎、乳腺炎等，在体内广泛分布，可由乳中排泄。国外有试验数据显示，当泰乐菌素用于治疗奶牛肺炎、腐蹄病等疾病时，进入乳中的含量约为血清含量的 20%。替米考星用来防治敏感菌引起的牛肺炎和乳腺炎等，其给奶牛静脉注射 0.5h 后，乳中药物含量远高于血中药物含量；而皮下注射 0.5h 后，乳中浓度高于血药浓度近50 倍。

（6）磺胺类 是一类化学合成抗菌药，具有抗菌广谱、疗效显著、价格低廉等特点，是治疗奶牛疾病的常用药物之一，包括磺胺嘧啶、磺胺甲基嘧啶和磺胺甲基异噁唑等。奶牛使用磺胺类药物后，其吸收程度和排泄速度因其种类而异，可经泌乳排出。

(7) 硝基呋喃类 是一类重要的抗感染药物，其抗菌谱较广，对于治疗畜禽肠道感染有效。呋喃类药物副作用较强，如引起胃肠反应和溶血性贫血等，因此，绝对不能忽视其残留监测。

另外，林可胺类的林可霉素、喹诺酮类的恩诺沙星等也有残留性。

3. 残留的影响

抗菌药物残留不仅给人类健康带来极大的危害，而且会污染环境。

(1) 对健康的影响 抗菌药物的毒性反应是药物对各种器官或组织的直接损害或化学刺激引起的，其主要表现在对神经系统、肾脏、肝脏、血液系统及胃肠道功能的影响。虽然绝大多数抗菌药物残留不会产生急性毒性作用，但几乎每种药物都有一定的毒性，如果长期食用含有某种药物的食品，就有可能产生慢性中毒。

①引起过敏反应：抗菌药物所致的过敏性反应主要是由于抗原抗体相互作用引起的变态反应。抗菌药物的分子结构比较简单，均非蛋白质，但大多可作为半抗原，与体内的蛋白质结合而成为全抗原，后者能促使部分敏感人群的机体产生特异性抗体（或致敏淋巴细胞），当再次接触同种药物即可产生过敏性反应。常引起人过敏反应发生的药物主要有青霉素类、四环素类、磺胺类和某些氨基糖苷类药物等。

> **🔲 说 明**
>
> 过敏性休克（Ⅰ型变态反应）：是危险性最大的过敏反应，死亡率为10%～20%。Ⅱ型变态反应：主要是由青霉素及某些头孢菌素类引起的溶血性贫血和各种细胞减少等。Ⅲ型变态反应：是由青霉素G所致的血清病样反应，比较温和，临床表现有发热、关节痛、腹痛和全身淋巴结肿大等。Ⅳ型变态反应：这类反应是某些经常接触链霉素和青霉素G者易产生的接触性发炎，临床上表现为皮肤瘙痒、发红、丘疹和湿疹等。

②对胃肠道菌群的影响：正常机体内寄生着大量细菌，其中包括有益菌如乳酸菌、双歧杆菌等，也有一少部分致病菌，但因微生物间的拮抗作用而不致人体发病。研究认为，有抗菌药残留的动物源食品能对人类胃肠道的正常菌群产生不良影响。

③对机体免疫系统的影响：研究证明，抗生素能控制侵入机体的细菌，有利于康复，但有许多抑制蛋白质合成的抗生素能降低机体的免疫能力，即抗生素本身能引起宿主的防御机能不全。因此，某些免疫反应较差的群体，如粒细胞缺乏症、白血病等患者在食用含有抗菌药物（如四环素、强力霉素和磺胺药等）的食品时，可增加感染的发生率。另外，长期接触某种抗生素，可使机体体液免疫和细胞免疫功能下降，以致引发各种病变，引起疑难病症，或用药时产生不明原因的毒副作用，给临床诊治带来困难。

④导致细菌耐药性增加：长期摄入残留抗生素的食品，可导致人体脱氧核糖核酸（DNA）获得耐药性的改变，致使机体细菌的耐药性增强，这是长期与低剂量的抗生素逐步相互作用的结果。事实证明，无论是在动物体内，还是在人体内，细菌的耐药性均已达到了较严重的程度。

日本明治制药统计显示，从动物分离的沙门氏菌，耐四环素的比例分别为家禽 10％、猪 58％、牛 85％；耐链霉素的比例分别为家禽 8.8％、猪 44％、牛 34％。从临床标本分离的耐甲氧西林葡球菌（MRS）对青霉素 G、氨苄青霉素、头孢噻吩、庆大霉素、环内沙星、林可霉素及红霉素均具有高度耐药性。科学研究已经证实人与人之间、动物与动物之间均存在耐药性基因的传递。因此，人类更关注的另一个问题是动物病原菌的耐药基因是否会传递给人类病原菌。

（2）对乳品生产的影响 如果乳中有抗生素的残留，会使生产酸乳、干酪等的发酵菌种受到抑制，轻则导致品质下降，重则导致生产失败，造成浪费。虽然世界各地对乳中抗生素残留已有明确上限规定，但有时也会出现与标准冲突的现象。法规规定的上限通常是出于对毒性的考虑，而往往很低的抗生素浓度就可能抑制发酵剂菌种的正常生长。

（3）环境的影响　奶畜用药后，某些药物以原形或代谢物形式排泄，不仅可能通过泌乳过程进入乳中，而且会随粪、尿等排泄而污染水源和土壤，由于仍然具有活性，会对土壤微生物、水生生物及自然界昆虫类等造成影响。

有试验研究报道，在用被污染的动物排泄物施肥的土壤 $0\sim40$cm 表层，能检测到土霉素和金霉素的残留，其最大含量分别达 32.3mg/kg 和 26.4mg/kg。此外，用药期和休药期奶牛所产的废弃乳因无害化处理不当，也有可能进入环境中，其中一定量的抗生素在各种环境因素作用下，可能会发生转移或转化，在动植物中发生积聚如进入秸秆等饲料中，造成新的循环污染。

4. 抗生素检测

生乳中的抗生素残留检验是乳品厂在生乳验收环节的重要检测项目之一。需要指出的是，无论采用何种检测方法，必须关注具体方法的灵敏度（最小检出量）。当报告检测结果时，应同时说明检测的抗生素种类、检测方法及其灵敏度。

目前，对抗生素药物残留的检测方法很多，大致可分为三类。第一类是微生物检测法，第二类是理化检测法，第三类是免疫检测法。不同方法的费用、操作难易程度及其灵敏度等有很大的差异。下面介绍几种常用的检测方法。

（1）细菌抑菌试验法（微生物检测法）　是应用较广泛的方法，其测定原理是根据抗生素对微生物的生理机能、代谢的抑制作用来定性或定量确定样品中抗生素的残留。

①简单发酵法：用不含抗生素的脱脂粉制成干物质为 12% 的还原乳作培养基活化菌种（保加利亚乳杆菌和嗜热链球菌混合菌种）。将被检乳样 90℃杀菌 10min，冷却至 42℃后按接种量为 5% 接种，在 42℃的培养箱内培养 $3.5\sim4.5$h。如果乳样凝固，形成凝固的组织状态，说明乳样内无抗生素；反之，则有抗生素。此法简便、费用低，但灵敏度低。业内有时也称"小样发酵"。

②纸片法（paper dise，PD）：充分搅拌乳样，用灭菌镊子将

滤纸片浸入试样中，淋干，然后将纸片置于检验用平皿（嗜热脂肪芽孢杆菌培养基）上，每个平皿放 4 片，接着用灭菌镊子尖头轻压滤纸使之固定。

用不含抗生素的 10％脱脂乳粉溶液（空白试验）和青霉素酶（取青霉素酶于灭菌蒸馏水中溶解，制备 1 000IU/mL 水溶液）处理过的试乳（取试乳 10mL 于灭菌试管内，再加入青霉素酶溶液 0.5mL 混合，将纸片浸入）制作同样的平皿，各平皿分别标号记录后，倒置于 55℃培养 5h。培养后如经青霉素酶处理过的生乳未形成抑菌圈，而未经处理的生乳形成了抑菌圈，则评定为青霉素阳性。

③TTC 法：原理是如果乳中有抗生素存在，则在向试样中加入菌种培养时细菌不增殖。此时，由于作为指示剂加入其中的氯化三苯四基四氮唑（2，3，5 - Triphenyl tetrazolium chloride，TTC）没有被还原，所以仍呈无色状态。相反，如果没有抗生素存在，则加入的试验菌增殖，TTC 被还原变成红色，试样也随之变成红色，也就是说试样呈现乳的原色时为阳性，变成红色时为阴性。

总体看，微生物检测法的优点是费用低，一般实验室都能操作；缺点是时间相对较长，状态判断通过肉眼辨别易产生误差，灵敏度不高。

（2）理化检测法 是利用抗生素分子中的基团所具有的特殊反应测定其含量。

①青霉素的本尼迪特（Benedict）试剂检测法：青霉素具有还原性，其分子中含有自由的酮基，可将 Benedict 试剂中的 Cu^{2+} 还原成 Cu^+，Cu^+ 以红色 Cu_2O 的形式存在于牛乳中，即 Cu^{2+} 变为 Cu_2O（砖红色沉淀）。如果牛乳中所含青霉素多，则 Cu_2O 产生得多，静置试管可观察到砖红色 Cu_2O 沉淀。

②色谱分析法：色谱学是现代分析科学的一个重要分支，是应用广泛的重要分离分析方法。其操作是在仪器上完成的，如色谱柱、检测器、泵和数据处理装置等。色谱法可分为气相色谱

（GC）、高效液相色谱（HPLC）、薄层色谱（TLC）、超临界流体色谱（SFC）和毛细管电泳（CE）等。对乳中抗生素分析时，需经过分离、提取、净化等来排除干扰因素。因此，工作量大，所用药品试剂多，仪器昂贵。

（3）免疫检测法 是以抗原与抗体的特异性、可逆性结合反应为基础的一种分析技术。由于免疫反应涉及抗原与抗体分子间高度互补的立体化学、静电、氢键、范德华力和疏水区域的综合作用，因而，具有极高的选择性和灵敏度。

目前，药物残留免疫分析技术主要分为两大类。一是相对独立的分析方法，即免疫测定法（immunoassays，IAs），如酶联免疫吸附测定（enzyme-linked immunosorbant assay，ELISA）等；二是将免疫分析技术与常规理化分析技术联用，如免疫亲和色谱（immunoaffinity chromatography，AIc）。

与理化分析技术相比，免疫分析法的突出优点是操作简单、速度快。值得注意的是，通常情况下，许多地方检测机构仅检测 β-内酰胺类，报告结果时是以样品点与质控点光度值的比值来表达的，因此，需要充分考虑检测误差风险系数。

（四）其他

1. 非固醇类

关于非固醇类属抗炎症药物，我国及其他多数国家早已明确不允许在奶畜养殖中使用非固醇类抗炎症药物，如二苯丁唑酮、氟胺烟酸葡胺、安乃近等，因为至今它们还存在食品安全争议。研究结果表明，亲脂类药物二苯丁唑酮的残留时间，要比其他抗菌药物的残留时间更长。

2. 激素

在我国，奶畜饲养环节禁止使用任何激素类药物。但有些国家认为可适当使用，美国和加拿大等批准天然甾类激素、雌二醇睾酮、孕酮、甲烯雌醇醋酸酯、群勃龙和玉米赤霉素应用于肉用动物上。

正常情况，动物性食品中的天然激素含量很低，经过加工、杀菌消毒、烹调过程及处于消化道中均能被破坏。虽然兽用激素残留限量各国规定没有统一，但对婴幼儿食品类都规定不允许使用和有任何残留。

3. 雌激素

正常哺乳动物的生乳中，至少有 2 000 多种的生物化学成分。除了已被熟知的脂肪、蛋白质、碳水化合物、矿物质、维生素之外，还有酶类、有机酸、气体、细胞成分、无机微量成分、有机微量成分、痕量级激素类等。在应用科学领域，某种物质的含量在百万分之一以下时，一般称为痕量级。雌性激素是乳中激素类的一部分，以痕量级的浓度天然存在。

类固醇激素中的雌激素与孕酮，合称为雌性激素。其中，雌激素主要包括雌酮、雌二醇和雌三醇等 3 种。哺乳动物乳汁中的类固醇激素主要为睾酮、雌激素和孕酮及其在生物合成过程中的前体和中间体。

做到科学的认知非常重要，它们对于幼子的成长发育具有重要意义，很多研究文献称之为"生长因子"。乳中存在多种游离态和结合态的雌二醇、雌酮、雌三醇。它们的活性比为 100：10：3。雌二醇有 17β-雌二醇、17α-雌二醇两种形式。

（1）乳的雌激素浓度 乳中雌激素的天然存在及其含量变化，客观反映了所有妊娠期哺乳动物的生理特征。雌激素在牛乳中的变化规律一般与血清含量呈正相关，部分由乳腺合成，血浆中的雌二醇和乳汁中的雌二醇浓度接近，但雌酮浓度则是血浆的 4 倍。也有研究指出，牛初乳中雌激素含量较高，为常乳的 10～20 倍。

人初乳中雌激素浓度为雌酮 $(4\sim5)\times10^{-3}\mu g/mL$、雌二醇 $(0.54\sim5)\times10^{-3}\mu g/mL$、雌三醇 $(4\sim5)\times10^{-3}\mu g/mL$，总量为牛初乳的 4～5 倍。人初乳与牛初乳中雌激素活性比约为 5：3。在分娩 5d 后，人乳中的雌激素含量会迅速下降。人常乳中，雌酮 $(22\sim41)\times10^{-6}\mu g/mL$、雌二醇未检出、雌三醇 $(3.4\sim345)\times10^{-6}\mu g/mL$；牛常乳中，雌酮 $(12.7\sim31.1)\times10^{-6}\mu g/mL$、雌二醇 $(24.8\sim$

41.1）×10⁻⁶μg/mL、雌三醇（15～23.6）×10⁻⁶μg/mL。

（2）加工对雌激素的制约　生产制造乳制品时，加热等处理会显著减少乳中的雌激素。试验证明，经加工后所获得的大多数乳制品中，雌激素的总量远低于其相对应的生乳。由于雌激素主要分布在脂肪中，脱脂会大幅度降低乳制品中的游离态雌激素含量，一般可除去2/3。加热处理对雌激素有明显影响，如仅仅通过乳粉的喷雾干燥一个工序，就会使其减少13%～15%。

虽然国际食品法典委员会（CAC）、欧盟、美国食品药物管理局（FDA）等对牛奶生产的认证、包装、标识及检测试验等都进行了逐一规定，但对牛奶中雌激素尚无明确限定。

截至目前，全球有关牛奶中激素安全性方面的研究不多，至今尚无直接科学证据证实正常乳中的痕量级雌激素对人体有不利影响。

二、识别控制可能潜在的有害物质

（一）消毒剂和杀菌剂

清洗和消毒是生鲜乳和乳品生产中的必备环节，是清除设备表面细菌和残留物的重要途径。无论奶牛牧场还是乳制品厂，设备和容器（包括奶罐车）的清洗消毒程序运行异常，可能会导致消毒剂、杀菌剂或清洗剂的微量级残留，但在正常情况下，不会对乳和乳制品构成风险。

1. 预防控制

消毒剂对乳的污染一般有两种途径，一是牧场奶畜乳头和皮肤消毒剂，二是乳品厂消毒处理。二者相比，前者更要引起重视。在奶牛场，挤奶后用杀菌剂浸泡或喷洒乳头有助于控制乳腺炎病原体；挤奶前，对乳头的消毒能有效控制来自环境的病原体；挤乳结束后，及时采取乳头的消毒，对预防乳腺感染病原体非常有利。因此，有必要对这些环节做预防性控制，如制定严格的消毒操作规程，规避污染发生，详见专题一"概念和要义"中的"挤奶管理要点"部分内容。乳品厂对设备进行消毒处理时，消毒剂对乳的污染可能通过乳与设备设施表面的接触引发，但实际发生污染的概率极小。

2. 种类与安全

奶牛场普遍使用的消毒剂是含碘药剂和含氯化合物等，如碘伏、次氯酸盐、季铵化合物、过氧化氢等。一般来说，消毒剂很少造成严重的残留。许多消毒剂是针对具体的微生物，因此其毒性是很低的。常见的主要是碘，作为一种普遍使用的乳头消毒剂，碘能有效抑制细菌，但高剂量也会对健康形成潜在危害。通过使用含碘不超过 0.5% 的配比浓度，以及在浸润乳头后，及时擦干乳头，就会避免碘制剂对生乳的污染。

有关清洗剂和消毒剂的毒性及其乳中残留的相关研究报道不多。客观讲，其安全性评价还是比较困难的。不过，只要严格按照奶牛良好农业规范（奶牛 GAP）和乳制品 GMP、SSOP 实施规范管理，就不可能在乳和乳制品中造成风险性残留。

（二）源于环境的可能污染

乳和乳制品极易被环境所污染，如奶畜在草场放牧或采食浓缩料时，易摄入环境污染物等。这些污染物大致包括：①自然存在土壤中而后进入牧草里的有害物；②固有的植物性毒物；③来源于被真（霉）菌感染的植物中的真（霉）菌毒素；④源于工业废弃物，如二噁英（又称四氯二苯二噁英，Dioxins）、聚氯联苯（Polychlorinated biophenyls，PCBs）和放射性尘埃中的放射核素等。

乳制品在世界的许多地区消费量很高，婴幼儿群体单位体重要比成人消费更多的乳。因此，对于特定的人群而言，应杜绝食用源于环境污染的乳及乳制品，这一点尤为重要。

1. 二噁英

二噁英，是一系列相关的聚氯化双苯超二噁英（PCDDs）和聚氯化双苯唑呋喃（PCDFs）。在所有遇到的 210 种不同的芳香物质中，有 17 种被认为与毒理有关。在已证明的有毒物中，最具代表性的是 2，3，7，8 -四氯双苯超二噁英（TCDD），通常简称为"二噁英"。二噁英具有较高的化学和热稳定性，亲脂性较强。由于环境中持续存在，通过食物链生物累积，有可能在食品中污染微量二噁英。

（1）对健康的影响　二噁英的毒性很强，四氯双苯超二噁英是最强的动物致癌物之一，其在 1997 年被认定是一种致癌物。除致癌性外，多种多样的不利影响在动物试验中得以证明，有些影响已经证明在人体中也有副作用，如对免疫系统、生殖系统、神经系统等有副作用。

（2）分析和检测　二噁英的分析检测，通常要求使用气相色谱法和高分辨率的质谱分析法（MS）对极低含量进行确定，但这样的分析不仅复杂而且费用昂贵，只有在一些特别实验室中应用。关于二噁英检测鉴定目前仍处于从一个样品中测量总的二噁英活力的阶段，而不测定单个芳香物的数量。建立在免疫方法或细胞遗传学基础之上的分析鉴定，有利于缩短大量样品的检测分析时间，与质谱分析法相比，将大大降低单位样品的检测成本。

2. 聚氯联苯

聚氯联苯是一类氯化烃化合物。总的来讲，在环境中，209 种不同的芳香物理论上都有存在的可能，其中有 36 种被认为与环境有关。聚氯联苯的理化性质与二噁英相类似，具有较强的化学稳定性和热稳定性，还有较高的亲脂性；同时，也有较低的导电性、较高的沸点和较强的防燃性，因此在工业和建筑业等领域广泛使用。

（1）控制标准与限量　商用的聚氯联苯是芳香类物质的混合物，而非单一化合物，其中含有 0.8～5mg/kg 的聚氯化双苯唑呋喃。20 世纪 70 年代起，通过严格的环境控制，食品中聚氯联苯的含量已经大幅减少，对人体健康的影响也明显降低。聚氯联苯在乳或动物脂肪中的限量标准，是以单位脂肪质量为基础，通常限量为 $100\mu g/kg$ 以下。

（2）对健康的影响　聚氯联苯与健康有很大关系，并且可能产生各种不利影响。但是，精确的科学评估尤其在毒理方面是非常困难的，因为聚氯联苯只以复杂的混合物形式存在，并且常常与其他潜在毒物（如二噁英以及含氯农药）结合在一起。国外动物研究显示，聚氯联苯对动物繁殖、生长、免疫抗毒等方面均具有严重影响。据估测，对人类健康较为安全的聚氯联苯日摄入量应低于每人 $0.1 \sim 1.9 \mu g/kg$。

（3）分析与检测　一般可采用气相色谱法测定聚氯联苯。但不同的商用混合物所产生的峰形不同，可能使气相色谱测定比较困难。通常采用气相色谱与电子俘获探测（ECD）相结合的"峰形对照"法进行定量检测。

3. 卤代烃类

卤代烃类能够持久存在于环境中。国外有研究报道，曾在生乳中探测到卤代烃类物质，如多溴阻燃剂（多溴二苯醚）、氯代烷烃和聚氯萘等。但是，这些物质的检测和分析实际上是很难的，能进行深入研究的实测数据非常有限。虽然学术界通常认为这些化合物与二噁英和聚氯联苯相比，对安全健康的影响并不大，但由于这一类物质毕竟存在一定的潜在危害，因此，未来仍需不断探索如何有效降低环境中的卤代烃类存量。

4. 重金属和非金属

（1）限量规定　我国《食品安全国家标准 食品中污染物限量》（GB 2762—2017）对乳与乳制品有关重金属、非金属的限量做出了明确规定。

铅的限量（以 Pb 计），生乳、巴氏杀菌乳、灭菌乳、发酵乳、调制乳的限量为 0.05mg/kg；乳粉、非脱盐乳清粉的限量为 0.5mg/kg。汞的限量（以 Hg 计），生乳、巴氏杀菌乳、灭菌乳、发酵乳、调制乳的总汞限量为 0.01mg/kg，而婴幼儿罐装辅助食品的总汞限量为 0.02mg/kg。锡的限量（以 Sn 计），婴幼儿配方食品、婴幼儿辅助食品的限量为 50mg/kg。铬的限量（以 Cr 计），生乳、巴氏杀菌乳、灭菌乳、发酵乳、调制乳的限量为 0.3mg/kg，而乳粉的限量为 2.0mg/kg。

砷的限量（以 As 计），生乳、巴氏杀菌乳、灭菌乳、发酵乳、调制乳的总砷限量为 0.1mg/kg；乳粉的总砷限量为 0.5mg/kg；婴幼儿谷物辅助食品的无机砷限量为 0.2mg/kg；婴幼儿罐装辅助食品的无机砷限量为 0.1mg/kg；孕妇及母乳营养补充食品的总砷限量为 0.5mg/kg。

（2）可能污染途径　人类永远不希望重金属和有害非金属元素（如铅、汞、镉、砷等）与乳及乳制品有任何接触。如防控不当，重金属及有害非金属元素可能会通过多途径进入乳中，如铬和镍等金属元素可能通过不锈钢设备进入乳中。重金属元素进入生乳的另一个可能途径是泌乳动物摄食了被污染的水源、饲料或食物。

（3）对健康的影响　重金属和非金属元素的有害性早已引起了人类的特别关注。对成人而言，假如从生乳及乳制品中摄入痕量重金属，一般不会明显地增加膳食中重金属的总摄入量。但这种情形对婴幼儿则不然，因为婴幼儿单位体重折合乳的消费量要高得多，对这个特殊群体而言，可能会对其健康构成显著的危害。因此，应重点持续关注婴幼儿配方乳粉的全部原辅料、生产设备、包装材料等重金属的有关安全限量水平。

（4）分析和检测　以原子吸收光谱为基础的分析方法，已广泛应用于重金属含量的检测，如快捷、敏感的电感耦合等离子体质谱分析法（ICP-MS）。近乎苛刻的极低的绝对标准和在实验环境中侦测重金属含量，使得重金属分析极具挑战性。目前，关于受到污染的生乳中有害金属存在的形态知之甚少，现行的数据指标仅仅是表述某一金属元素的单位总量。

5. 植物毒素

受区域和季节的影响，蕨类植物的蕨类毒素含量变化很大，有时含量非常高，国外有达到 13g/kg 的报道。由于反刍动物肝脏有较强的植物毒素降解功能，因此，乳中蕨类毒素含量较低。目前，有关这方面安全风险评估研究与分析数据尚不多见。

（1）来源　通常，奶畜不喜食蕨类植物，但是，遇到干旱气候，草场蕨类植物生长茂盛，或收获了掺有蕨类植物的羊草、苜蓿等，就可能导致奶畜被动地采食了蕨类植物。有效降低蕨类植物毒素的风险途径就是管控窗口的前移，切实管理好奶畜的饲草料种植、收获以及监控放牧的草场条件等环节，严格执行奶牛良好农业规范（奶牛 GAP）的要求。

（2）对奶畜、生乳的影响　当奶畜采食了大量的蕨类植物时，可能出现临床疾病包括维生素 B_1 缺乏症、急性出血以及由于视黄醛的降解导致出现失明等症状。有实验室研究结果报道，家畜食用了过量的蕨类产囊丝时，尤其是未长成的嫩叶嫩芽，可能会诱发基因组织变异的风险。另有研究数据显示，当奶畜摄入过量的蕨类毒素时，有 1.2%～8.6% 可能被分泌到生乳中，相当于每升生乳中 0.1～0.22mg 的蕨类毒素，可能会产生较高的质量安全风险。

6. 其他

近些年，全国持续开展打击违法添加非食用物质和滥用食品添加剂专项整治工作，加大监督与惩处力度，使添加剂安全监督管理常态化、制度化。2018 年，我国生鲜乳抽检合格率 99.9%，同比提高 0.1 个百分点；三聚氰胺等重点监控违禁添加物抽检合格率连续 10 年保持 100%。婴幼儿配方食品抽检合格率 99.8%，乳制品总体抽检合格率 99.8%，继续在食品中保持领先。作为质量安全监管重点项目，有必要在此扼要介绍几种重点监控的违禁添加物。

（1）革皮水解物　农业农村部从 2009 年开始已连续 10 年组织实施生鲜乳质量安全监测计划，重点监测生鲜乳革皮水解物等多项指标，累计抽检生鲜乳样品约 22 万批次。革皮水解物等重点监控违禁添加物的抽检合格率连续 10 年保持 100%。

按照我国《食品中可能违法添加的非食用物质和易滥用的食品添加剂名单》规定要求，革皮水解物在乳与乳制品中不得检出。其有害成分是重铬酸钾和重铬酸钠，在人体内积累可导致重金属铬的慢性中毒，致使关节疏松肿大等中毒症状。通常采用分光光度法检测 L-羟脯氨酸的含量，检测时间 6h 以上，最低检出限为 1mg/kg。目前已有快速检测方法应用。

（2）硫氰酸钠 我国《食品中可能违法添加的非食用物质和易滥用的食品添加剂名单》中明确规定，硫氰酸钠在乳与乳制品中不得检出。硫氰酸钠具有抑菌作用，因此是防止生乳掺假的重要监测项目之一。硫氰酸钠的危害在于严重影响呼吸和神经系统。检测方法是提取净化后，再用鉴别试剂。目前的检测速度很快，测量一个样品只需约 5min，最低检出限为 1mg/kg。

有研究试验报道，在刚刚挤出的正常生乳中，天然存在过氧化物酶，其硫氰酸钠的天然含量为 2～7mg/L（天然底物）。因此，在出具检测鉴定报告时，应考虑客观存在的天然底物含量，谨慎甄别和科学判定。

（3）黄曲霉毒素 数据显示，2009—2018 年，农业农村部重点监测生鲜乳黄曲霉毒素 M_1 等多项指标，累计抽检生鲜乳样品约 22 万批次。黄曲霉毒素 M_1 等重点监控项目的抽检合格率连续 10 年保持 100％。

农业农村部奶及奶制品质量监督检验测试中心（北京）数据显示，2018 年，农业农村部组织对 14 566 批次生鲜乳样品进行监测，黄曲霉毒素 M_1 检测样品平均值为 0.055μg/kg，远低于我国国家标准（小于或等于 0.5μg/kg）。

检测方法按《食品安全国家标准 食品中黄曲霉毒素 M_1 和 B_1 的测定》（GB 5009.24）执行，其测定原理是样品经提取、浓缩、薄层分离后，黄曲霉毒素 M_1 与黄曲霉毒素 B_1 在紫外光（波长 365nm）下产生蓝紫色荧光，根据其在薄层上显示荧光的最低检出量来测定含量。

哺乳动物摄入被黄曲霉毒素 B_1 污染的饲料后，在体内通过羟基化合作用转化成黄曲霉毒素 M_1，再通过乳腺泌乳进入生乳。简单说，黄曲霉毒素 M_1 是由黄曲霉毒素 B_1 衍生的。这类毒素尤其在夏季潮湿季节在饲料中出现概率较高，霉变的玉米、棉籽等劣质饲料是黄曲霉毒素的主要来源。因此，应始终严格管控，丝毫不能放松。

（4）玉米赤霉烯酮、玉米赤霉醇 玉米赤霉烯酮（zearalenone），又称 F-2 毒素。玉米赤霉烯酮主要污染玉米、小麦、大米、大麦、小米和燕麦等谷物。有研究指出，玉米赤霉烯酮在霉变的玉米中，最高含量可达 2 909mg/kg，在霉变的小麦中含量为 0.364～11.05mg/kg。同时，玉米赤霉烯酮不但可以由霉菌产生，而且在许多植物体内也天然存在，作为植物体内的一种激素，能调控植物的生长。小麦、大豆、棉花等植物在开花的时候，其玉米赤霉烯酮达到峰值，所以应避免将花期前后的这类植物作为青贮原料或直接饲喂奶畜。

玉米赤霉烯酮的耐热性较强，110℃下处理 1h 才被完全破坏，且有一定的残留性，用于反刍动物青贮饲料时必须特别注意。奶牛采食量较大，过多的玉米赤霉烯酮蓄积会对奶牛健康造成影响，其体内所产生的玉米赤霉醇可能进入乳中。玉米赤霉烯酮、玉米赤霉醇所作用的靶器官主要是哺乳动物的神经系统、心脏、肾脏、肝和肺，其毒害作用很大。

玉米赤霉醇（zeranol，ZER），又名"右环十四酮酚"，是玉米赤霉菌在生长过程中产生的次生代谢产物——玉米赤霉烯酮的还原产物，属于雷索酸内酯类非甾体类同化激素。玉米赤霉醇是一种效果理想的皮埋增重剂，系非固醇、非激素类化合物。但试验证明其对哺乳动物具有一定的危害性。1998 年，欧盟禁止将玉米赤霉醇等激素类药物应用于畜禽养殖。2002 年，农业部第 193 号公告明确规定玉米赤霉醇禁用于所有食品动物，所有食品动物中不得检出。2010 年，卫生部发布的《食品中可能违法添加的非食用物质名单（第四批）》中明确将玉米赤霉醇列入非食用物质。

我国饲料卫生标准（GB 13078）规定玉米及其加工产品（玉米皮、喷浆玉米皮、玉米浆干粉除外）中玉米赤霉烯酮限量为 $500\mu g/kg$，而全株玉米青贮等其他植物性饲料原料的玉米赤霉烯酮限量为 1 000$\mu g/kg$。我国食品中真菌毒素限量标准（GB 2761—2011）规定，谷物及其制品中玉米赤霉烯酮限量应低于 $60\mu g/kg$。此外，法国规定谷物、菜油中玉米赤霉烯酮允许量为 $200\mu g/kg$；俄罗斯规定硬质小麦、面粉、小麦胚芽中玉米赤霉烯酮允许量为 1 000$\mu g/kg$；乌拉圭规定玉米、大麦中玉米赤霉烯酮允许量为

$200\mu g/kg$。各国已逐步认识到玉米赤霉烯酮给人类带来的危害，但限量标准各有差异。

目前，我国尚未对生乳中的玉米赤霉醇做出统一限量规定。在生乳的验收环节，伊利、蒙牛等国内多家乳品生产企业强化奶源质量内控标准，已开始执行生乳的玉米赤霉醇限量标准小于等于 $0.1\mu g/mL$ 的内控标准，不断跟踪和积累玉米赤霉醇监测数据。常用的快速检测法包括酶联免疫试剂盒测定法，灵敏度为 $0.05\mu g/mL$；荧光定性检测试纸条法，灵敏度为 $0.25\times10^{-3}\mu g/mL$。实验室一般采用免疫亲和柱-高效液相色谱法（HPLC）测定生乳的玉米赤霉醇。

(5) 反式脂肪酸（图 3-1）　研究证实，反式脂肪酸与人类心血管疾病有关，并可能对胎儿的生长发育有抑制作用，影响人的免疫功能等，因此有必要尽量减少（特别是孕妇和乳母）或避免膳食中反式脂肪酸的摄入量。反式脂肪酸不但会升高血液中低密度脂蛋白（LDL，俗称"坏"胆固醇）的浓度，且会降低血液中高密度脂蛋白（HDL，俗称"好"胆固醇）的浓度。人造奶油或人造酥油生产中，若氢化作用不完全就可能有双键存在（即部分氢化）或有微量反式脂肪酸产生。虽然反式脂肪酸主要存在于人造奶油或其他植物油酯化产品中，但如果该类产品作为乳制品生产的辅助添加，也就有可能进入乳品或冰激凌等产品中。

21 世纪初，丹麦开始禁止在人造奶油产品中使用反式脂肪酸，通过立法规定食品用油中的反式脂肪酸含量应在 2% 以下。随后，荷兰、法国、瑞典等国相继立法，要求食品及油脂中反式脂肪酸控制在 3.8%～5%，美国、巴西等要求在食品外包装上强制标注反式脂肪酸的含量，规定反式脂肪酸含量不得超过 2%。2013 年，国家食品安全风险评估中心公布数据显示，我国人均通过膳食摄入反式脂肪酸提供的能量占膳食总能量的 0.16%，北京、广州等大城市居民是 0.34%，低于世界卫生组织建议的 1% 限值。

我国婴幼儿配方乳粉等有关标准〔《食品安全国家标准　婴儿配方食品》（GB 10765）、《食品安全国家标准　较大婴儿和幼儿配方食品》（GB 10767）、《食品安全国家标准　特殊医学用途婴儿配方食品通则》（GB 25596）〕明确规定婴幼儿配方乳粉的反式脂肪酸的最高含量不得超过总脂肪酸的 3%，且严禁使用氢化油脂作为婴幼儿配方乳粉的原料。我国预包装食品营养标签通则（GB 28050）规定，食品配料含有或生产过程中使用了氢化和（或）部分氢化油脂时，在营养成分表中必须标示出反式脂肪（酸）的含量，只有当反式脂肪（酸）小于或等于 0.3g 时（每 100g 或 100mL），产品标签中"反式脂肪（酸）"可标为"0"。反式脂肪酸测定方法见 GB 5413.36。

图 3-1　反式脂肪酸与顺式脂肪酸的结构示意图

说明

　　控制反式脂肪酸的新型技术有以下几种：①利用生物技术，其重点是酯交换。目前由于人类很难采用常规手段控制油脂的组成，很多学者开始研究利用基因工程技术来改造脂质，使液体植物油替代氢化工艺生产出高硬脂酸含量的固体油脂，从而降低反式脂肪酸的含量。②氢化法的改进。采用新型贵金属铂（Pt）或钯（Pd）代替传统镍（Ni）作为催化剂，在较低温度下（60℃）进行氢化反应，降低反式不饱和脂肪酸；或采用超临界液体氢化反应以加快氢化反应速度，制取零反式不饱和脂肪酸的产品；或将油脂完全氢化（极度氢化）使油脂中的脂肪酸完全饱和，避免产生反式脂肪酸。③应用酶法酯换技术，制造无不饱和脂肪酸的油脂，从分子水平上实施改性油脂，使酯交换反应时，脂肪酸酰基仅在 1、3 位发生重排，速率缓慢且可随时停止，工艺简单，产出率高，无环境污染。

（三）硝酸盐、亚硝酸盐

自然界中的 NO_3^- 和 NO_2^-，对自然界生态圈中的氮循环极其重要。硝酸盐中的氮处于稳定的氧化态（5$^+$ 价），不具有反应活性，但可被微生物或在不同机体组织内被还原成亚硝酸盐。亚硝酸盐进入人体血液后，可使血红蛋白变性（二价铁变为三价铁）而失去携氧功能，导致组织缺氧；而且亚硝酸盐与蛋白反应生成的亚硝胺具有致癌性。因此，亚硝酸盐是生乳收购验收环节的必检项目。

我国食品安全国家标准对生乳及乳制品的亚硝酸盐和硝酸盐均有相应的限量要求，《食品安全国家标准　食品中污染物限量》（GB 2762—2017）规定，生乳的亚硝酸盐（以 $NaNO_2$ 计）限量为 0.4mg/kg；乳粉的亚硝酸盐（以 $NaNO_2$ 计）限量为 2.0mg/kg；婴幼儿配方乳粉的亚硝酸盐（以 $NaNO_2$ 计，粉状产品）限量为 2.0mg/kg（适用乳基产品）；婴幼儿配方乳粉的硝酸盐（以 $NaNO_3$ 计，粉状产品）限量为 100mg/kg。

1. 可能的污染途径

（1）种养环节 众所周知，硝酸盐、亚硝酸盐广泛存在于自然界中，如水源、土壤等，一旦超过作物（植物）的利用能力或土壤的自然消纳能力，就可能使农作物及地下水中硝酸盐、亚硝酸盐的含量升高，继而通过草料、饲料或饮水环节进入家畜体内。奶牛的饮水及饲草料投入品是造成生乳硝酸盐、亚硝酸盐污染的主要途径。

硝酸盐、亚硝酸盐引发的超标污染情况具有明显的区域性特征，在我国西北、东北等地的土质碱性地区尤为突出。对这类地区地表不洁水的实际监测发现，即便硝酸盐呈现阳性、亚硝酸盐呈阴性，也容易导致生乳亚硝酸盐超标。一旦生乳出现亚硝酸盐超标，说明过量的硝酸盐在奶牛瘤胃被微生物利用转化成为亚硝酸盐。而且这些地区在实际生产中，生乳的亚硝酸盐超标现象常是时断时续地出现，必须加以管控。

究其原因，一方面在瘤胃降解碳水化合物不够时，生成的氨不能被完全转化，假设这时生成的亚硝酸盐刚好全部转化为氨，但氨不能全部被转化为菌体蛋白，导致尿素氮超标及生乳中含有过量的游离氨，因此造成生乳刚挤出时，其亚硝酸盐检测呈阴性，但放置一段时间后，其中部分氨被氧化成亚硝酸盐，经检测又呈现阳性。另一方面，由于饲草料或多或少含有硝酸盐，奶牛瘤胃一直处于动态转化过程，在没有足够的瘤胃降解碳水化合物或者瘤胃微生物数量与活力下降的情况下，生乳中的亚硝酸盐检测就会表现出阳性。

理想的管控办法是对奶牛饮水水源和饲草料实施严格的预防性控制，如设置专门供水的饮水点，避免放牧的奶牛饮用草地上的地表水，或者不做夏秋季节放牧的安排，实施集约化饲养管理，以及饲料地土质反硝化改良，降低芒硝含量。但是，由于受区域性资源的限制以及牛场客观条件等诸多因素影响，更为有效的实用办法是微调奶牛日粮蛋白比例，并实时监测跟踪。

说明

建议采用降低日粮蛋白措施，日粮配方蛋白水平要略低于标准指标，增加瘤胃降解碳水化合物比例，精饲料配方中降低杂粕比例 5%～10%，增加玉米或者小麦比例 5%～10%；对于自配精饲料的各种原料送检测机构做定量检测，在配方中减少硝酸盐含量高的原料用量或对硝酸盐含量高的原料寻找其替代原料。

与此同时，增强奶牛瘤胃调节功能，添加可增加瘤胃微生物数量与活力的微生态制剂，如双歧杆菌、反硝化菌等复合微生物制剂；添加维生素 C、维生素 E 等还原性物质，将瘤胃里的氮彻底还原为氨，再转化为菌体蛋白；添加蛋氨酸硒、酵母硒、碘化钾等提高抗热应激和增强乳腺机能。

另外，应用上述日粮蛋白微调技术的同时，可在生乳进入大罐之前的挤奶机配备的平衡罐环节，增加"土法"除氨手段。具体做法就是在挤奶期间，安排人工将上层漂浮的带气泡的奶沫子撇去，连续多次除沫，这样可使牛奶中的游离氨气出来得更多，从而获得很好的辅助效果。

（2）**乳品加工环节**　有研究报道称，硝酸盐从奶畜饲料到乳的转化率较低（口服剂量的 0.1%），主要的污染途径在泌乳以后的阶段，即可能源自乳制品生产加工过程中的污染。被高浓度的硝酸盐或亚硝酸盐污染有危害健康的风险，应予以重点关注。

正常情况下，硝酸盐、亚硝酸盐在乳和乳制品中的含量远低于其他食品，如腌制类蔬菜、肉制品等。乳制品生产中，应用于 CIP 清洗系统中硝酸清洗剂的不慎残留，或使用高含量硝酸盐的水源，以及在干酪生产过程中过量使用硝酸盐作为食品添加剂，都是使硝酸盐含量增加的原因。国外在干酪生产中，有的国家和地区允许硝酸盐在特定的硬质、半硬质和半软质干酪中作为限量使用的食品添加剂，预防干酪后期的过度产气和质地结构缺陷。

2. 对健康的影响

硝酸盐本身不是毒性物质，但一旦还原成亚硝酸盐就会产生毒性。国外研究公布的结果显示，人体每日允许摄入量的限量值（硝酸钠每千克体重 5mg），指的是硝酸盐在体内转化成亚硝酸盐后的毒理学限量，这种转化率针对成人的是 5%，特殊人群如婴幼儿及高转化率人群的转化率为 20%，因此，对健康影响风险度较高。通常，亚硝酸盐对人体健康的危害作用与亚硝酸盐的含量有关，在胃里与其他食物中的仲胺、叔胺、氨基化合物发生不良反应，形成亚硝基化合物，增加风险危害性。

3. 测定分析

分析测定乳和乳制品中硝酸盐或亚硝酸盐的方法比较成熟。国际乳品联合会（International Dairy Federation，IDF）和国际标准化组织（International Organization for Standard，ISO）已为各种乳制品建立了不同的标准。这些测定标准的相同点是把硝酸盐还原成亚硝酸盐，然后再通过格雷斯反应产生发色基团进行光度测定。另一种有效方法是二甲苯酚的亚硝化，应用气相色谱对反应产物进行测定。

三、包装材料安全

乳制品的包装以其独特的优势在整个食品包装行业所占比重越来越大，与产品接触的内包装材料质量安全问题也愈发受到重视。乳制品包装材料的安全性，包括生乳贮存运输过程中所用容器材料的安全保证，直至消费末端的有关工（器）具，如婴幼儿的奶瓶和奶嘴等的安全性是保障乳制品安全的重要一环，不可忽视。

（一）概述

常见的乳制品包装材料主要包括复合纸、复合薄膜袋、玻璃制品、金属制品、塑料制品（高密度聚乙烯，聚碳酸酯和聚对苯二甲酸乙二醇酯）、陶瓷制品、食品包装用纸等。包装材料通常含有各种单体、添加剂、助剂、低聚体、分解产物等，在与乳制品接触过程中可能会产生迁移（渗透、溶解等）而发生污染。

随着包装工业发展，各种新型包装材料应用于乳制品，应持续关注包装材料中化学物质等通过迁移和渗透可能对乳制品产生的安全影响。如，欧盟对聚乙烯有机聚合物的迁移量有严格的要求，规定聚乙烯材料灌装的牛奶 40℃环境下，保温 10d 的总迁移量不得超过 60mg/L，对无菌包装材料的标准规定为不超过 5mg/L。

结合国内外相关最新研究，必须严格管控源于包装材料的可能性污染。应重点关注包装材料尤其是复合或合成材料的单体迁移物（如邻苯二甲酸酯、双酚 A、苯乙烯单体等）、涂料油墨、光引发剂、含铅着色剂类等经一段时间贮存向乳制品中可能发生的有害物迁移程度及其安全性评估。

为使包装材料的迁移物或渗出物对乳制品不构成安全风险危害，保障乳制品质量安全，正确选择安全的产品包装材料非常重要。乳品企业对包装材料供应商应建立严格的质量安全风险评估机制，实施乳制品包装材料的动态监测与跟踪。由于包装材料的安全指标检测项目的特殊性和复杂性，有必要开展技术协作，委托有资质的实验室实施专项分析监测。

(二) 包装材料污染源种类

1. 增塑剂

用于食品包装的塑料制品增塑剂（塑化剂）主要以苯二甲酸酯类（PAEs）为代表，PAEs主要包括邻苯二甲酸二辛酯（DEHP）、邻苯二甲酸二丁酯（DBP）、邻苯二甲酸酯（BBP）、邻苯二甲酸二异壬酯（DINP）、邻苯二甲酸二异癸酯（DIDP）和邻苯二甲酸二正辛酯（DNOP）等6种。2011年6月，我国明确规定邻苯二甲酸酯类物质为违禁添加的非食用物质，禁止在食品中使用，美国等国家也将其列入重点的控制污染物名单。

2. 双酚A

在过去，双酚A（BPA）曾被用作微波炉饭盒、奶瓶及其他食品饮料的包装材料中。进一步研究发现，BPA的迁移与被包装食品的类型、温度、加热时间以及包装的密封胶、涂层和包装工艺等有关。2011年，我国卫生部门等6部委联合发布公告，明令禁止双酚A用于婴儿奶瓶制造。

3. 聚苯乙烯

国外有学者研究指出，聚苯乙烯包装罐中存在残留苯乙烯单体，通过1年的跟踪监测，发现其能迁移到干酪中去。评估和统计结果显示，被调查人群每人每天摄入的苯乙烯单体为 $1 \sim 35 \mu g$，平均为 $12 \mu g$ 左右。目前，国内相关的研究数据有限，因此应借鉴国外相关研究数据予以重点持续关注，实时引入风险分析与评估。

4. 苯溶液及油墨

一些包装材料的外壁涂料中含有苯溶液及油墨，有时也可能污染食品。此外，印刷材料中通常采用含有苯、正己烷、卤代烃等溶剂稀释油墨，或采用含苯类物质的有机溶剂黏合剂进行薄膜复合处理，由于苯类溶剂挥发不完全，可能会造成苯类物质在包装材料中的残留并由此渗透污染食品。

5. 光引发剂

2005 年，因包装材料的光引发剂（UV 墨）引发的食品污染事件首次在意大利被发现。意大利有关机构发现市场销售的 3 000 万 L 婴儿乳品被一种光引发剂 2 - ITX 污染，查出的 2 - ITX 含量达 27～440g/L。美国环境保护署认为即使包装乳制品和其他饮料中发现较低浓度的 ITX，对于人体和环境仍是一种潜在的风险。虽然目前关于 ITX 的毒性还没有充分的令人信服的证据，但值得业界持续研究和高度关注。

（三）包装材料检测项目

总原则应是根据包装内容物特性、贮存环境和保质期等条件来研究确定不同包装材料的具体检测项目。乳制品的内包装材料检测项目通常包括感官检测、化学检测、物理检测三大类。以下主要介绍化学检测和物理检测。

1. 化学检测

化学检测主要包括化学成分、蒸发残渣（蒸馏水、4％乙酸、65％乙醇、正己烷及酯类）、高锰酸钾消耗量、重金属、脱色实验（乙醇、冷餐油、浸泡液）及溶剂残留与挥发性有机化合物（VOCs）等检测。

2. 物理检测

内包装材料物理检测主要是测定包装材料的力学、阻隔、迁移、光学等特性。

（1）力学特性 内包装材料的力学检测包括抗压、抗冲击力、拉伸强度、拉断力、断裂伸长率、撕裂强度、剥离强度、耐穿刺性、摩擦系数等特性。

（2）阻隔特性 是指检测内包装材料对氧气和水分的阻透性能。

（3）热学特性 是指检测内包装材料的材料热封特性、密封特性。

（4）迁移特性　检测内包装材料中的有毒有害物质和（或）潜在有毒有害物质向乳制品中迁移的特性。

（5）光学特性　是指检测内包装材料的透光率和雾度等。

（四）法规与标准

2016 年，针对食品包装材料卫生安全，我国食品安全国家标准审评委员会发布《食品安全国家标准　食品接触材料及制品通用安全要求》（GB 4806.1）等 52 项与食品包装材料相关的系列食品安全国家标准。

《食品安全国家标准　食品接触材料及制品用添加剂使用标准》（GB 9685）详细规定了食品接触材料及制品用添加剂的使用原则、允许使用的添加剂品种、使用范围、最大使用量、特定迁移量或最大残留量、特定迁移总量限量及其他限制性要求，包括食品接触材料及制品加工过程中所使用的部分基础聚合物的单体或聚合反应的其他起始物等。其他安全法规在此不一一详述，可参考食品安全国家标准审评委员会 2016 年第 15 号等有关公告。

欧盟对食品包装用塑料材料的质量控制是通过一框架法规和特殊指令来实施，如欧洲标准学会标准 EN13628 - 1、EN13628 - 2、EN14479 等。美国相关食品包装材料规定的技术要求主要体现在 ASTM F1884 等标准中。

（五）测定分析

由于乳制品包装材料原料来源的复杂性、结构多样性等，相应的检测方法也不尽相同。目前常用检测技术主要有原子吸收光谱（AAS）、电感耦合等离子发射光谱（ICP - AES）、X 射线荧光光谱（XRF）等检测铅、砷、锑等重金属、金属脂肪酸盐及无机物等。而挥发性有机化合物（VOCs）检测，一般采用顶空气相色谱法（HS - GC）。

增塑剂、抗氧化剂、残留单体等检测通常采用高效液相色谱

（HPLC）、气相色谱（GC）、气相色谱-傅立叶变换红外光谱仪（GC-FTIR）、傅立叶红外光谱（FTIR）、气相色谱-氢火焰离子化检测器（HT-GC/FID）、氢-核磁共振（H-NMR）、毛细管气相色谱法（C-GC）、高效液相色谱-电喷雾-质谱-质谱（HPLC-ESI-MS/MS）、气象色谱-氮磷检测器（GC-NPD）、液相色谱-质谱（LC-MS）和气相色谱-质谱（GC-MS）等。

生产关键环节的管控与分析

以生乳为主要原料的乳制品企业，对奶源依赖度非常高。因此，企业内部生产管理机构中都有奶源管理部门。乳制品企业的产、供、销三个环节的协调性极强。如，在冬季和春季，奶源基地的产奶量大，乳制品市场销售却趋于淡季；而到了夏季和秋季，二者又正好相反，奶源供应量与市场需求量的矛盾较明显。客观要求乳制品企业既要考虑市场产品销售因素，还要兼顾奶源基地奶牛生产实际情况。

乳制品企业不但要有稳定的奶源保证，而且还要有高质量的生乳供应，一个是量，一个是质，缺一不可，二者是顺利实现乳制品安全生产的重要前提。以乳制品为主要原料的乳制品生产企业，生产组织管理要素相对简单，一般生产是从配料和混料开始，无需考虑奶源供给因素，生产安排灵活。

乳制品生产类型可简单概括为两个类型：①以生乳为主要原料，同时也可以乳制品为原料的乳制品工厂。这类工厂有专门的生乳的预处理工序，各企业具有基本相同的工序，设有生乳验收、预处理和中储单元以及调配、配料、混料等，也有乳粉等原料专门的处理设施，依据市场订单安排生产计划，实施奶量分送与调度，分配至各生产线。②仅以乳制品为原料的乳制品工厂。这类乳制品工厂的规模一般不大，生产乳制品的品种较少。主要原料是乳粉类、炼乳类及奶油、稀奶油、天然干酪等。主要工序是调配、配料、混料及后续包装等。

从生产特点看，以生乳、乳制品为原料的乳制品企业较具代表性，其生产工序工艺的组成、步骤基本涵盖了仅以乳制品为原料的乳制品工厂。因此，讨论生产关键环节的管控分析，介绍上述第一种类型乳制品企业生产，可以基本覆盖生产的各个要素。

一、生乳贮藏、运输及验收

用于乳制品生产加工的生乳应符合《食品安全国家标准　生乳》（GB 19301）要求。在生乳贮藏和运输各环节中，温度管理是生乳品质保证的重要因素。生乳是微生物非常容易生长繁殖的营养基质，只要在适宜生长温度下，就可能导致大量细菌的繁殖，降低生乳品质甚至产生质量安全风险。因此，刚挤出的牛乳需要在短时间内使其温度降低到多数微生物不能生长繁殖的范围内，才能有效地保证生乳的质量。

需要特别强调的是，乳制品加工所用的生乳，必须从牧场的挤奶、贮奶环节就开始实施冷藏处理。只有将挤出的生乳通过冷却收集到冷藏贮奶罐内，才能保证在收购和运输中保持较低水平的菌落总数，避免发生生乳细菌滋生和酸败变质。

（一）生乳的冷却

刚刚挤出的牛乳，其温度一般为 32～36℃，是微生物最易生长繁殖的温度范围。这样的牛乳如果不及时经过冷却处理，牛乳中微生物很快就会大量繁殖，酸度迅速增高，生乳的质量降低，甚至使生乳发生变质。因此，刚挤出的牛乳必须迅速冷却，以保证生乳的新鲜度与品质。

1. 冷却与品质保障

（1）天然抗菌与神奇的 4℃　从乳房中刚挤出的生乳中含有多种天然抗菌物质，对微生物有一定的杀灭和抑制作用。如生乳中因过氧化物酶的存在，其硫氰酸钠的天然含量为 2～7mg/L。其抑菌特性与乳温、菌落总数等有关，低温保藏可延长该天然抗菌特性的保持时间。

有研究报道，新挤出的洁净卫生的牛乳如果迅速冷却到 0℃，其硫氰酸盐的抗菌作用至少可维持到 48h。随着生乳中天然抗菌物质作用的逐渐减弱，其中污染的微生物会很快进入快速生长阶段。因此，新鲜的牛乳应在挤出后就采取有效的冷却手段，才能保持生乳良好品质和正常滋（气）味。

实际生产中，将刚刚挤出的洁净生乳迅速冷却到 4℃时，可明显控制细菌增长繁殖，业内常称之为"神奇的 4℃"。当然，只有在生乳中菌落总数很低，卫生指标合格的前提下，并以最快的冷却速度降温至 4℃时，乳中的天然抗菌物质才能发挥作用。在实际生产操作中，将生乳温度始终精准地控制在理论上的 4℃是很困难的，所以，通常规定一个温度范围，即（4±2）℃（2~6℃）。

在外界温度 25℃、以标准奶罐车运输生乳 2h、乳温基本保持在 2~6℃时，其菌落总数几乎没有增加。这可能是生乳本身固有的抗菌和抑菌体系在 4℃条件下发挥作用的缘故。但假如是炎热天气，加之长距离运输或隔天运输，其卫生质量指标肯定将产生不良变化。所以，以标准的奶罐车运送，以规范的温度贮藏生乳，以最短的距离将生乳运输至乳品厂，验收合格后迅速进行生产加工处理，全程环环相扣、缺一不可，这也是乳制品行业生产最大特点之一。

（2）冷却方式　生乳不经高温处理而延长保藏时间的最好办法，是采用性能良好的冷却设备。国内所有规模奶牛牧场，均具备冷却与贮存设施条件，在挤奶后将生乳直接冷却到 4℃以下，并在该温度下将生乳运输到加工厂。目前，全国奶牛牧场普遍采用实施 100％机械化挤奶和自动冷却保障系统，对提高我国生乳品质和卫生质量发挥了重要作用。

①冷却罐冷却：冷却罐是将贮乳罐与冷冻机相结合制造的设备，能够有效地冷却生乳。这种冷却罐可分为直接冷却和间接冷却两种方式。直接冷却方式是通过冷冻机冷媒在罐底部汽化膨胀作用进行热交换达到冷却目的。这种冷却设备也有冷冻机组与贮乳罐体相分离的结构形式，也就是生乳在进入贮乳罐之前通过与冷媒的热

交换被冷却。间接冷却方式是用冷冻机将水或不冻液进行冷却后，再用此冰水与生乳进行热交换，实现冷却。

②板式换热器冷却：利用制冷设备制成冰水（0℃），以冰水作为冷媒，通过板式热交换器对生乳实施直接冷却（直冷式冷却）。这种方式的贮乳罐和冷却系统是分开的，能避免刚挤下的热乳与罐内的冷乳相混合。这种设备能够做到挤奶的同时，连续将生乳冷却到2～6℃，并输送到冷藏乳罐中保藏。目前，该种方式是较有效和理想的冷却方法，对保证生乳品质特别是良好的滋（气）味极为有利。生乳的冷却设备要经常清洗和消毒，有的冷却罐还自配就地清洗（CIP）系统，清洗操作很便捷。

📖 说 明

　　20世纪80年代以前，许多地区曾用地下水来冷却生乳。一些牧场或养殖户借助专用水池或者陶瓷大缸（深度与乳桶的颈口高度一致），将装乳的桶放入其中，采用地下水冷却（水温9～15℃），如再配以水的不停搅拌，可使生乳冷却到比冷却水的水温高3～4℃的状态。有条件时还可采用流水式冷却。此法耗水量大、冷却速度慢，且容易发生二次污染，同时易受环境气候制约，在夏季的效果更差。目前这种水冷方式国内已很少见。该方式只能作为机械制冷的前期辅助手段，达不到理想的冷却效果，潜在的质量安全风险较高。

2. 冷却中的变化

（1）低温菌生长　生乳在冷却过程中会发生脂肪由液态转为固态结晶、无机盐形态等微观变化，但这些变化不会影响生乳品质。虽然低温条件已使大多数微生物的生长受到很好的抑制，但一些嗜低温细菌仍然能生长，同时其菌体所释放的胞外酶可能会导致乳中蛋白质和脂肪的部分分解，由此产生不良滋（气）味如苦味等。随着生乳冷却贮藏设备的普及推广应用，特别是直冷式牛乳冷却罐的推广使用，生乳的卫生质量已大大提高。及时快速的冷却处理与冷藏，能有效预防嗜低温细菌对生乳卫生质量产生不良影响。

（2）世代间隔影响 生乳在贮藏和运输过程中，如果乳温升高，会缩短微生物繁殖的世代时间，使菌落总数急剧增长，加速生乳中营养成分的分解并伴有产生苦味和不愉快臭味等。不同种类的嗜低温细菌，繁殖世代时间长短不一。在5~10℃时，多数菌体的世代时间为2~3h。试验数据表明，生乳在贮藏运输2h内的过程中，即使乳温不升高，其中嗜低温细菌的数量也会增加2倍。所以，在实际运输中，为防止温度升高，确保控制菌落总数的增加显得非常重要。

（二）生乳贮藏与运输

除就地加工生产情况外，一般牛场挤出的生乳就地冷却贮存等待运输，经运输（奶罐）车转运到乳品厂。因此，就地冷却和保持较低温度状态下的运输是至关重要的。良好的冷却贮藏能够在一定时间内保证生乳的新鲜度。生乳在贮藏期间内的质量特别是良好风味的保证，除了与奶牛自身健康状况和挤奶厅卫生管理等有关外，与冷藏罐的清洁度和卫生管理密切相关。

完全杜绝生乳不被外界环境中的微生物污染很难做到。即便如此，仍然要通过有效的清洗消毒措施，最大限度降低来自挤奶设备、挤奶操作过程、输乳管道以及贮乳罐的微生物污染可能。确保生乳在冷却、贮藏和运输等全程控制其微生物数量增加，这点极其重要。

1. 生乳的贮藏

（1）管控温度上限 就贮藏而言，生乳的贮藏可分为收购前贮藏和收购后贮藏。收购前的贮藏主要在养殖场（户）进行。由于牧场条件不同，收购前贮藏的温度及其微生物的数量存在一定差异。有时生乳经过运输到乳品厂卸载时，温度上升到6℃以上是难以避免的，但一般不得超过7℃。生乳运输到工厂要经过快速检测，证明新鲜度高、质量合格者，方可通过板式热交换使其冷却后泵入贮乳罐，进入生产工序。

收购的生乳通常贮存在乳品厂大型贮乳罐（奶仓）中。贮乳罐一般分为立式和卧式两种，后者奶牛场应用较多。容量不等，多为10 000～150 000L，后者多为大型乳品厂用。冷却后的生乳应尽可能保存在恒定的低温条件下，防止乳温升高。为此，生乳冷却后须贮存在具有良好保温性能的贮乳罐（缸）内，使生乳在贮存期间始终保持在2～6℃的低温。

（2）贮乳罐要求　一般要求是在具有良好绝热性能的贮乳罐（缸）内，24h内乳温升高不得超过1℃。贮乳罐（缸）的容量及配置数量，应根据日处理生乳的总量、运输时间和乳品厂加工能力等来设计。贮乳罐（缸）每次使用前后，均要彻底洗净和消毒（杀菌）。贮乳期间要定时开动搅拌机（搅拌叶转速30～60r/min），确保生乳温度均匀和脂肪不上浮。

2. 生乳的运输

（1）保障运输条件　生乳的运输条件和输送前的状态，是影响生乳品质与安全的重要环节。除偏远牧区外，国内生乳的运输主要是采用专用奶罐车方式。大容量的奶罐车（乳槽车）运输已成为奶源集中地区的主要运输方式。国内奶罐车的生乳容量5～30t不等。盛装生乳的容器或乳槽材质，应使用与生乳不起任何化学反应、无异味以及对人体无害的材料制成，较理想的是不锈钢材料（SUS316或SUS304）制成的乳槽内胆，其内壁应光滑、无死角，易于清洗与消毒。

目前，生乳运输车以及装备已有了很大的改善，如新型装配有制冷机的乳槽车已用于生乳的运输中。另外，用FRP树脂（fiberglass reinforced polyester）制造的乳槽，对于生乳运输途中的质量保证更有利。这种材料的价格为不锈钢的1/4，坚固性与铁相当，热传导性为钢的1/50，保冷性能极佳。有试验表明，即使在外界温度35℃条件下，经50h保存，其生乳的温度升高仅1～2℃。

以乳桶装的生乳进行运输是最传统的方式。有时偏远牧区小规模奶牛场或奶山羊等养殖场（户）利用乳桶运输或集中于收乳站，装入乳槽车运到加工厂。乳桶容量通常为30～50kg。用乳桶输送生乳时，对乳桶的卫生要特别注意，必须每次运送结束后，立即清洗消毒，保持干燥和洁净，最大限度减少由乳桶带入生乳中的微生物数量。

乳桶装运生乳，由于冷却条件和保温性较差，生乳温度常会高于 4℃或各桶间的乳温差别较大，影响生乳品质。特别是夏季环境温度较高时，对生乳温度的影响较大，易发生酸败变质或安全风险问题，这点要特别注意。目前，奶牛场使用桶装生乳的运送方式已不多见。

(2) 控制温度与时间 生乳在运输前，应先在牛场降温且稳定保持在 2~6℃（理想温度为 4℃）。生乳在运输过程中最明显的变化是因路途颠簸和震动而造成生乳的脂肪球聚集，形成微小凝块，容易贴附于乳槽内壁，即便奶罐车罐体内部设有若干个分区隔板，用来减少生乳的震荡，但仍然很难避免脂肪的聚附现象，以及生乳中混入一定的空气。如果运输时间过长，加之乳温升高，则很可能导致脂肪酸化。

2019 年，国家奶业科技创新联盟团体标准《生乳中菌落总数控制技术规范》（T/TDSTIA013），明确要求"生乳挤出后，应在 36h 内运抵乳品加工企业"。早在 2011 年，学生奶饮用奶计划部级协调小组办公室在学生奶饮用奶奶源管理技术规范的"奶源升级 60 条"中，明确要求"生乳挤出后，运至乳品加工企业的时间不得超过 24h"，为保障生乳质量安全发挥了重要作用。

(3) 构建过程监控 奶罐车通常是直接从奶牛场贮奶厅的储奶罐中通过离心泵装载生乳后直接运送到乳品厂。每个奶罐车都应有一定的收乳路线和时间计划，定时定点进行运输。所以，生乳运输距离应越短越好，即结合道路条件、运输能力、气候环境等，充分考虑和规定合理收奶半径或是限定最大收奶区域。

目前，我国一些奶源大省和乳企已陆续实现生乳的全程运输质量追溯，通过构建生乳收购环节的奶罐车 GPS 定位系统、"两证一单"制度、奶罐车人孔和罐体出乳口的阀门铅封等管理手段，建立全程质量安全监控。通过奶站和运输车监管监测信息系统，将生乳收购站和运输车纳入精准化、全时段管理。

（三）生乳的验收

1. 收购评价体系

运输到乳品厂的生乳首先经过质量检验，验收合格后泵入贮乳冷却罐中，保持在（4±2）℃贮藏。在进入生产工序前，有的还要进行一系列品控指标检验，确认卫生质量指标符合要求后，再用于某类乳制品的加工。为控制生乳和乳制品的质量，各国都对生乳的感官、理化和微生物指标进行了规定，但不同国家的要求不同。

目前，国内和国外较通行的是应用生乳验收质量评价体系来进行生乳的验收检测。对生乳的检测验收分为牧场（奶站）检测验收，或用大型乳槽车（奶罐车）将生乳运到乳品厂后的检测验收，我国多采用后一种形式。通常采用传统的监测方法结合自动乳成分综合测定仪来进行理化等成分的测定，再结合定级定价体系与计重等给予批次计价，主要包括生乳收购价、收购数量及收购合同期限三方面。其中生乳收购价是由基础价、指标价及考核价构成，有的乳企按自制办法将奶畜场分为 A、B$^+$、B 等若干等级，等级不同，生乳基础价不同。

（1）密切养殖加工利益联结　奶畜养殖和乳制品加工是奶业产业链两大主体，前者经营目标是获得最佳投入下的最大效益，后者经营目标是以最低的成本获得安全优质的原料奶。二者之间构成的生鲜乳产销关系较为重要和复杂，也极具敏感性，直接关系到我国奶业稳定健康发展。近些年，如何加强养殖加工利益联结，各级政府、相关乳企和中国奶业协会以及地方行业协会做出了不懈努力，国务院公布的《乳品质量安全监督管理条例》、《关于推进奶业振兴保障乳制品质量安全的意见》、农业农村部与国家市场监督管理总局印发的《生鲜乳购销合同》范本、农业农村部等八部委联合发布的《关于进一步促进奶业振兴的若干意见》等一系列政策措施，对协调稳定生鲜乳购销关系发挥了重要作用。

（2）价格协商与第三方检测试点　目前，生鲜乳合同购销形式占我国生鲜乳购销量的 60％以上。河北、黑龙江、上海、山东、陕西等五省（直辖市）已建立政府、养殖、乳企、协会"四方"共同参与的生鲜乳价格协商机制，定期发布生乳收购指导价格，推动奶农与乳企签订长期稳定的购销合同。2017 年，北京市奶业协会促成中国太平洋财产保险股份有限公司和奶牛养殖企业共同合作，推动实施北京地区生鲜乳价格指数保险。2018 年，河南省畜牧局印发《河南省生鲜乳第三方检测试点指导意见》，在郑州、新乡等六市开展生鲜乳第三方检测试点。2019 年，黑龙江省奶业协会组织完达山集团与黑龙江省绿色食品科学研究院国家乳制品质量监督检验中心对接，就构建生鲜乳第三方检测达成合作意向。

说 明

为避免生乳收购价格出现"过山车"似的波动，农业农村部等部门积极部署应对，及时采取综合措施稳定生乳收购价格和收购秩序，做了大量卓有成效的工作，在许多乳企的积极配合下，共同推动构建良好的生鲜乳购销秩序。开展技术帮扶，对牧场技术管理人员进行培训，推进标准化、规范化操作管理，提升牧场管理能力；组建专家团队指导服务牧场规范化管理，提升单产和效益；推进奶源信息化建设，推进牧场 TMR 精准饲喂监控系统、奶厅智能监测系统、奶牛发情监测系统的安装和使用。开展金融帮扶，积极与银行保险等金融机构合作，通过为牧场借贷提供担保等方式推出新型金融产品，为牧场提供金融帮扶，解决牧场融资难问题。此外，还为奶源基地发放扶持资金，满足牧场升级改造、设备升级、饲草料购置等多种资金需求。

推进风险共担，稳定农企利益联结。在生乳出现阶段性过剩时，一些乳企会收购合格生鲜乳，进行喷粉消化，主动承担部分风险，增强了牧场抵御风险能力。如，2019 年 3—4 月，伊利、蒙牛的日均生乳喷粉量为 2 000t；推进建立生乳科学定价机制，执行生乳价格公示制度，将生乳收购价格计算方法公示给奶农，使生乳定价过程更加透明；积极参加生乳价格协商机制，执行价格协调委员会协商制定的生乳基础价格，通过计算每千克奶成本，秉持按质论价、优质优价原则制定合理的生乳价格核算体系。一些乳企积极落实国办奶业振兴意见，加强自有奶源建设，通过新建、收购或入股等方式，稳步推进建设自有牧场，提高自有奶源比例。

2. 验收检验项目

从各地情况看，目前国内乳品企业对收购生乳的质量验收检测指标，通常包括但不限于以下 7 方面的 40 多项指标。

（1）感官指标 包括色泽、组织状态、滋（气）味 3 项。

（2）理化指标 主要包括奶温、乳蛋白率（％）、乳脂率（％）、非脂乳固体（％）、滴定酸度（°T）、冰点、相对密度、酒精试验、钙（mg，每 100mL 中）、杂质度、乳糖（％）等 11 项指标。

（3）污染物指标 主要包括亚硝酸盐（定性）、碱、抑菌剂、糊精、葡萄糖类物质、硝酸盐（定性）、苯甲酸、总砷、总汞、铅、铬、三聚氰胺、硫氰酸盐等 13 项。

（4）真菌毒素指标 主要包括黄曲霉毒素 M_1、玉米赤霉醇等 2 项，参见前面专题三"识别控制可能潜在的有害物质"中有关黄曲霉毒素 M_1、玉米赤霉醇的内容。

（5）兽药残留指标 包括 β-内酰胺类抗生素（青霉素与头孢菌素、头霉素类、硫霉素类、单环 β-内酰胺类等）、氯霉素、β-内酰胺酶类、小样发酵（发酵试验）、磺胺类、卡那霉素、链霉素与双氢链霉素、庆大霉素、氟喹诺酮类、四环素类、β-激动剂、林可霉素、氯霉素类等 13 项。具体参见附录内容。

（6）农药残留指标 主要包括硫丹、艾氏剂、狄氏剂、氯丹、七氯、林丹、六六六、DDT 等 8 项。具体参见附录内容。

（7）微生物指标 主要包括菌落总数、耐热芽孢菌、体细胞、嗜冷菌等 4 项。

二、主要生产过程管控

本部分内容是简述一般情况下的主要乳制品生产制造传统工艺的过程控制。而诸如超高压技术、离心分离技术、膜过滤技术、生物技术、超临界分离技术、一体化成套设备技术、产品质量在线检测与模型分析技术、溶解 CO_2 等新技术在乳制品生产企业的应用，由于其工艺特性不同，其可靠性及安全性问题与传统工艺相比会有所不同，请读者参考其他相关文献予以关注。

（一）生乳的接收、贮存与标准化

1. 工艺流程

该流程简单描述为奶罐车、计重、检验、接收、预处理（过滤、净乳、冷却）、直接生产或暂时冷藏贮存等过程。有时也直接进行标准化处理。

标准化：过去传统的标准化概念，仅是牛奶脂肪的标准化，即通过奶油分离机处理后，将稀奶油与脱脂奶再按一定比例混合，使牛奶中脂肪等含量符合预期要求。目前，国内使用该工艺的乳制品企业已不多。现今的标准化概念，已经是通过调配、配料等其他手段，使产品达到预期成分的生产操作。

关于这点，我国乳制品行业生产状况与其他奶业发达国家是有区别的，这与乳制品市场消费、产业结构组成和资源合理利用等因素有关。通过产业政策调整，引导企业运用分离与标准化技术以及其他技术，建立合理的乳制品"联产品"生产模式，见专题一"概念和要义"中的乳制品"联产品"及相互关系有关内容。注重特色和高端乳制品的研发，避免乳制品品种高度同质化。

2. 重要参数

乳品厂对收奶区域半径的控制，旨在管控运输时间；管控生乳的奶温为 $2\sim6℃$，避免超出温度限定；经验收的生乳应尽快进行乳制品加工；预杀菌处理（有的只是为暂时贮存，集中起车生产）

温度和时间的管理；预处理后的贮存。当需要暂时贮存时，应保障冷却温度 2～6℃入贮乳罐（奶仓）临时贮存。

3. 过程控制

正如前面所述，由于生乳贮藏的特殊性和时限性，在生乳的验收工序中，客观上特别强调检测化验工作的"准"和"快"，不宜使奶罐车等候时间太长，否则因等候检测结果而延长生乳卸罐时间会严重影响生乳的质量，甚至造成经济损失或安全问题。所以，生乳的验收客观上要求"准"和"快"。常规检验一般是指感官、温度、比重、脂肪，再计算干物质。其他参见专题一"概念和要义"和本节"生乳的验收"部分内容。

4. 关于生乳的预杀菌

在国外，特大型乳品厂每天收购的生乳有时不能在收乳后立即实施加工，部分生乳在贮乳罐中贮存数小时或更长时间的情况经常发生。这种情况下，即使将生乳进行了深度的冷却也无法避免一些嗜低温细菌的可能生长，容易产生代谢产物以及酶类。为了避免生乳在冷藏情况下变质，保证最终产品的风味和质量，国外有的工厂偶尔采取对生乳先进行预杀菌的方法，以降低生乳中微生物的数量和酶活性。

国外的这种预杀菌方法是指将生乳加热到 63～65℃ 保持约 15s。由于多次热处理对生乳营养成分有明显影响，严重的甚至产生风险危害，因此预杀菌的时间必须严格控制，在不到低温短时间巴氏杀菌的程度就应停止，并快速冷却到 4℃ 以下。在此需要指出的是，关于生乳的预杀菌方法，一些国家专门设立标准法规加以明确，其目的是为了防止对生乳的过度热处理或多次热处理。

生乳预杀菌的主要目的是杀死生乳中低温型细菌，因为生乳长时间贮藏于低温条件下，有些低温型细菌会繁殖，产生耐热的解脂酶和蛋白酶。这些酶在生乳的贮藏过程中导致酸度上升及异味产生。生乳在经过预杀菌之后，需要迅速地冷却到 4℃ 以下，否则可能会使芽孢杆菌滋生而导致生乳质量下降。

📖 说明

　　国外所谓的预杀菌只是在例外情况下所采取的补救措施，其所实施的温度和时间的严格限定为 63～65℃保持约 15s，关于这点应特别关注。最理想的状态还是乳品厂的生乳在正式开始加工前，不实施"生乳预杀菌"或者采用较"温和"的合规预杀菌热处理工艺。

　　总的看，在实际生产中，以稳妥安全为目标而采取的灭菌或杀菌方法与如何最大程度保持生乳中的天然营养成分之间始终存在矛盾，这也是奶业领域学者始终探索的问题。目前，国内乳制品的热处理（杀菌、灭菌）温度与时间参数尚未统一规定。但无论怎样，在国标或行业技术规范中明确热杀菌工艺参数是当务之急。希望各方共同关注这方面最新技术动态和行业最新要求，准确理解和把握其中的安全要旨。全行业要树立预防乳过度加热的健康理念，贯穿所有乳与乳制品生产的全过程。

（二）巴氏杀菌乳

1. 生产加工

巴氏杀菌乳加工工艺见图 4-1。

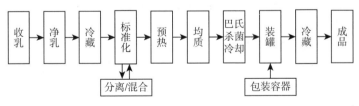

图 4-1　巴氏杀菌乳加工工艺

2. 特点、特性与标准

巴氏杀菌乳以牛（或其他奶畜）乳为原料，采用较低温度杀死致病微生物而制成的液体产品。产品特性：最大程度保存乳中的营养成分，产品保质期短，需冷链贮存（2～6℃）。产品应符合《食品安全国家标准　巴氏杀菌乳》（GB 19645），生产规范应符合乳制品良好生产规范（GB 12693）。其他见专题一"概念和要义"相关内容。

3. 重要参数与过程控制

巴氏杀菌乳的标准杀菌温度与保持时间一般为 62～65℃ 30min 或 72～75℃ 15～20s。应特别关注菌落总数的有效控制、致病菌的杀灭、产品的生产日期、包装的渗漏、冷链条件（2～6℃）等。全程重点预防沙门氏菌、李斯特氏菌、大肠杆菌、耶尔森氏菌、金黄色葡萄球菌等细菌及其毒素的污染，确保巴氏杀菌乳的质量安全。

说 明

鼓励企业采用标准的巴氏杀菌工艺参数，防止过度加热，减少乳中的营养成分损失，但同时必须保证产品的安全，并经有效性的验证。

（三）灭菌乳

1. 生产加工

灭菌乳分为 UTH 灭菌乳和二次灭菌乳，生产加工工艺流程见图 4 - 2 和图 4 - 3。

2. 特点、特性与标准

以乳或复原乳为原料，脱脂、部分脱脂或不脱脂，添加或不添加食品添加剂、营养强化剂或其他辅料，经 135℃、数秒以上超高温灭菌处理、无菌灌装或保持灭菌制成的液体产品。一般分为灭菌纯乳和灭菌调味乳两类。灭菌乳产品应符合《食品安全国家标准　灭菌乳》（GB 25190）要求。生产规范应符合《食品安全国家标准　乳制品良好生产规范》（GB 12693）要求。其他见专题一"概念和要义"相关内容。

我国生产灭菌乳产品的企业非常多。该产品特点是贮存期长，销售区域广，其灭菌调味乳的种类繁多。二次灭菌乳多为铁听或高密度耐热材料包装，关键特性体现在灭菌形式、铁听封口的叠接率、出厂前的真空打检等。其灭菌温度与保持时间一般为不低于110℃、10min 以上，一般采用高压釜或连续式灭菌隧道形式。

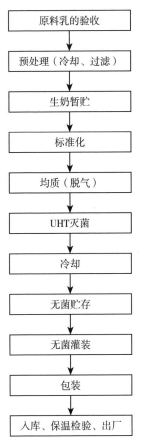

图4-2 UTH 灭菌乳生产
加工工艺流程

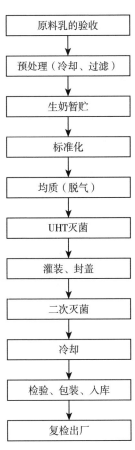

图4-3 二次灭菌乳生产
加工工艺流程

3. 重要参数与指标

（1）灭菌温度与保持时间应在 135℃以上、数秒。

（2）应有相关杀菌、灭菌记录，必要时有自动温度记录。

（3）一般乳制品企业 UHT 生产线按照市场订单需要，采用相同的灭菌工艺，除生产灭菌纯乳外，经常生产多品种的灭菌产品，尤其是无菌包装的灭菌调味乳和含乳饮料。

（4）依据不同灭菌产品，其配料有所不同，含乳比例也有较大差异，一般分为含乳 100％、70％和 40％～45％ 3 种配方，但灭菌调味乳的乳蛋白含量不得低于 2.3％，含乳饮料的乳蛋白含量不得低于 1％，这是基本配料原则。

成套的灭菌机、无菌包装机的种类很多，配置方案与工况控制参数各异，在此不做描述。

4. 主要过程控制

灭菌乳生产还应注意以下事项：

（1）经倍压阀等参数设置，严格控制灭菌乳的回流量（一般是 10％～15％）。

（2）灭菌设备连续运行时间的规定和控制（不同产品，连续生产的时间不同，如调酸类产品应小于 6h）。

（3）严格的 CIP 规程。

（4）管式杀菌器的维护空间预留。

（5）无菌灌装单元的控制（双氧水、紫外、酒精、高效空气过滤、空气加热灭菌等）及操作参数控制。

（6）关注新近灭菌乳生产设备及人员操作经验。

（7）包装材料与密封性检查：染色试验、电导检查、撕扯试验、挤压试验。

（8）包装材料的灭菌，管控双氧水浓度 30％～50％，喷雾、蒸汽的工况状态，滚轮涂抹法、浸泡法的效果验证。

（9）生产环境卫生、清洁的保证；包装间给排风系统、洁净空气的保障。

说 明

二次灭菌乳（铁听）的生产，应注意产品在高压釜内的热力分布曲线和热穿透力分布情况符合要求；后期冷却水含氯浓度的控制；铁听预灌装底部封口折叠率（钩叠率）的管控性要求。

5. 产品质量安全放行

灭菌乳实际生产中，取样进行保温试验后，实施质量安全评估。各企业取样方法基本一致。按每单元包装材料的 1% 于生产线上随机取成品样置于 30℃ 条件保存 7d 后，或按步骤进行开包检查即破坏性测试，或按照步骤进行非破坏性测试。所执行的灭菌乳产品质量安全放行评价方法各企业有所不同。某企业的灭菌乳取样与判断方法见图 4-4。

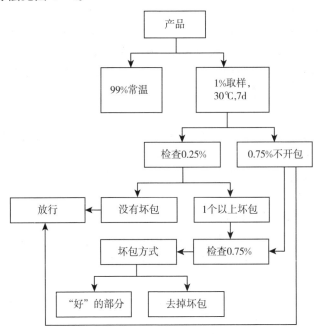

图 4-4　灭菌乳取样与判断方法

（1）破坏性测试法　相当多的乳品企业采用此类方法，包括 pH 测试（对比下降值是否≥0.2），产品风味气味评价，凝固状态检查，酸度测定（°T），测定菌落总数的阻抗法（bactometer）等微生物法，以及 ATP 测定法等。

（2）非破坏性测试法　国内只有少数乳品企业使用此法。主要是借助专用的酸包仪（electester）进行直接测试，无须开包。该法主要是测定牛奶胶体均一性的微弱变化而导致的振动曲线的变化。这种仪器虽然昂贵，但测定样品数量大、效率高，操作可控性高，而且还可以用来对疑似有问题的产品批次进行着重检查，区分好包与坏包。

（3）氧压测试法　常乳中的含氧量通常为 6～9mL/L，若以温度 70℃进行脱气，乳中的氧含量会降至 1～3mL/L。灭菌乳经过保温试验，若存在生物性的质量问题，则乳中的溶解氧浓度会有微量变化，开发氧压测试法的机制就在于此。

20 世纪 80 年代末，笔者在荷兰 NIZO 研修期间，曾借助高精度的溶解氧仪测定研究灭菌乳成品中的溶解氧浓度变化规律，通过建立灭菌乳溶解氧数值信息库，确定安全限值，并以此作为批次产品质量安全性判定和出厂放行的依据，成功应用于灭菌乳质量品控。该法的优点在于测定效率高，测定样品量有保证。但是，由于灭菌乳的包装形式多样，不同包装材料的透气性存在较大差异，加之氧压测试法测定操作要求准确度非常高，对氧压仪的测定精度要求也非常高，因此，几十年来，此法在国内一直未能在生产实际中加以推广应用。

6. 质量缺陷"坏包"

所谓灭菌乳（UHT 乳）的坏包，是对成品出现胀包、苦包、酸包、凝絮等的统称。在偶尔出现的产品质量缺陷中，其中苦包的情况相对较多。

（1）原因分析　引起灭菌乳在保质期内出现苦味的原因，一般分两种情况。一种是受残留的微生物污染，导致 UHT 灭菌乳产生苦味和其他异味，这类微生物包括耐热性强的耐热芽孢杆菌和青霉菌等；另一种是由于乳中存在的蛋白水解酶、解脂酶分解蛋白质和脂肪，生成肽、氨基酸和脂肪酸类，导致苦味出现。

从生产实践看，灭菌乳出现凝结和苦味，均与低温菌产生的耐热胞外蛋白分解酶有关。低温菌生长过程中所产生的耐热胞外酶能够抵抗高温并保持其活性，分解酶消化酪蛋白而导致苦味生成，脂解酶则产生一系列风味异常缺陷。

（2）菌相分析 结合生产一线品控监测分析数据，通过对灭菌乳的坏包状况、pH检测及触酶试验等快速检测方式，即可判定具体污染菌的种类，进而为下一步的查明解决问题奠定基础。一般可分为以下4种情况。①当坏包几乎都是胀包产气且出现乳的凝结现象，其pH为4.6，部分凝结时pH为6.2。出现这些情况，即可判定胀包的原因为混合性污染菌，包括革兰氏阳性杆菌和革兰氏阴性杆菌。②当革兰氏阴性杆菌的过氧化氢酶试验（触酶试验）呈阴性时，则判定有肠杆菌科的细菌污染。③当革兰氏阳性杆菌的触酶试验，呈现既有阳性又有阴性时，则判定为芽孢杆菌与乳杆菌的混合性污染。④当乳出现凝结但没有产气，且pH为6.1~6.4，则判定为革兰氏阳性菌污染。如果触酶呈阳性，可进一步判定是一些能产芽孢的芽孢杆菌的污染。

（四）酸乳

1. 生产加工

酸乳分为凝固型酸（牛）乳（纯酸牛乳）和搅拌型酸（牛）乳（调味、果料酸牛乳），其生产工艺流程见图4-5和图4-6。

2. 特点、特性与标准

经乳酸菌（保加利亚乳杆菌、嗜热链球菌等）发酵；发酵剂分为"一次投"和企业自培养（3~4代扩培），当今企业多用前者；按照发酵先后分为搅拌型和凝固型；活菌型需冷藏，而杀菌型可常温储存；产品应符合《食品安全国家标准　发酵乳》（GB 19302）要求；生产规范应符合《食品安全国家标准　乳制品良好生产规范》（GB 12693）要求。其他见专题一"概念和要义"中的"酸乳"内容。

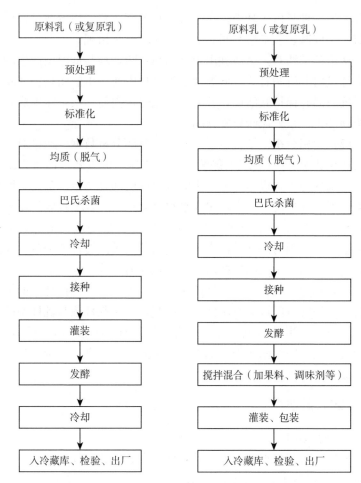

图 4-5　凝固型酸（牛）乳（纯　　图 4-6　搅拌型酸（牛）乳（调味、
　　　　　酸牛乳）生产工艺流程　　　　　　　　果料酸牛乳）生产工艺流程

3. 重要过程控制

接种的操作（人工、自动）、环境；发酵剂纯度、活力；培养基的制备；发酵时间、温度及酸度的控制（一般 3.5～4h 达到 70°T）；涉及酸乳发酵工序的，酸乳车间须相对独立设置，尤其是通风给风系统应单独配置；活菌酸乳的冷链保证（2～6℃）；加入果料的酸牛乳，特别注意霉菌的控制。

应确保辅料符合质量安全相关法规标准技术要求，做好验收与监测；持续关注国内外关于浓缩蛋白粉的安全风险评估最新结果。

（五）乳粉

1. 生产加工

以全脂乳粉为例，生产加工工艺流程见图 4-7。

2. 特点、特性与标准

乳粉生产分为干法和湿法两种。乳粉湿法生产一般为专业化婴幼儿配方乳粉工厂，设备投资大；乳粉品种繁多（见专题一"概念和要义"）；产品应符合《食品安全国家标准 乳粉》（GB 19644）要求；生产规范应符合《食品安全国家标准 乳制品良好生产规范》（GB 12693）和（或）《食品安全国家标准 粉状婴幼儿配方食品良好生产规范》（GB 23790）的要求。其他详见专题一"概念和要义"中的"乳粉"相关内容。

3. 过程控制共性要点

结合生产实践，乳粉生产的质量主要过程控制，包括但不限于以下几方面。

（1）浓缩工序　浓缩乳的浓度与浓缩温度的控制；浓缩单元严格的 CIP 清洗程序（预防芽孢菌滋生等）。

（2）干燥塔及流化床　喷雾压力或离

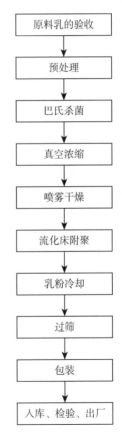

图 4-7　乳粉生产加工基本流程

原料乳的验收

↓

预处理

↓

巴氏杀菌

↓

真空浓缩

↓

喷雾干燥

↓

流化床附聚

↓

乳粉冷却

↓

过筛

↓

包装

↓

入库、检验、出厂

心盘转速管控；干燥塔进风温度与进风量、干燥塔排风温度与排风量的管理；进风口的空气过滤系统卫生保障；设备维护时防止金属等异物混入。

（3）原辅料 配方类乳粉保证强化营养成分均匀与验证确认（尤其热敏性较高的营养成分）；生产全脂加糖乳粉时蔗糖质量保证（预防杂质度超标）；干法生产调配乳粉时的原辅料安全性及产品均匀度的保证；生产食品工业用乳粉时，对原料奶的卫生质量控制。

（4）其他 乳粉包装车间等清洁作业区的卫生条件与温度、湿度控制。

4. 婴幼儿配方乳粉

婴幼儿配方乳粉是婴幼儿的重要食品，确保婴幼儿配方乳粉质量安全关系千家万户。客观说，本书所描述的影响质量安全风险因素分析与管控要点，均适用于婴幼儿配方乳粉的生产。因此，讨论奶业质量安全话题，婴幼儿配方乳粉极具代表性。在此，有必要用一定的篇幅来深入探讨。

（1）概述 农业农村部专门部署启动婴幼儿配方乳粉奶源安全监管工作，6 年来始终保持高压态势，实现与国家市场监管总局无缝对接，全力以赴打好提高婴幼儿配方乳粉质量安全水平攻坚战，重点采取奶源基地建设、饲草料供应、奶站和运输车监管、奶源质量安全抽检、培训推广关键技术、政策扶持等 6 项措施，保障婴幼儿配方乳粉奶源安全。

2019 年，国家发展和改革委员会、工业和信息化部、农业农村部等 7 部委联合印发《国产婴幼儿配方乳粉提升行动方案》，提升国产婴幼儿配方乳粉的品质。全国各地加强对市场上婴幼儿配方乳粉质量安全风险监测，实施"早发现、早研判、早预警、早处置"，监测项目覆盖婴幼儿配方乳粉营养成分、微生物、重金属及其他重要质量指标。

婴幼儿配方乳粉质量安全项目，按食品安全风险程度可归类成 3 个等级，即较高风险项、一般风险项、不存在食品安全风险项（与标签明示的不符，但符合食品安全国家标准）。从保障质量安全角度出发，上述较高风险项目和一般风险项目是必须特别关注的重中之重。具体包括黄曲霉毒素 M_1、阪崎肠杆菌、沙门氏菌、菌落总数、硝酸盐、蛋白质、亚油酸、亚油酸与 α - 亚麻酸比值、反式脂肪酸与总脂肪酸比值、二十二碳六烯酸（DHA）与二十碳四烯酸（ARA，花生四烯酸）比值、维生素 C、氯、锰、硒、碘、铁、钙、叶酸等。

（2）全程控制要点

①科学研发：婴幼儿配方乳粉的配方设计要以母乳营养成分的组成为基本依据，做好中国母乳营养组分科学研究和临床喂养效果持续跟踪研究（包括婴幼儿存活率、骨骼发育、消化系统、大脑发育与智力、免疫系统及啼哭、吐奶和大便等信息数据），不断积累丰富中国母乳数据库，实现数据共享，持续完善营养配比，服务行业和百姓。

②标签设计：严格遵守《食品安全国家标准　预包装特殊膳食用食品标签》规定，营养成分的含量不得低于标签标示值的 80%。同时，充分考虑加工过程中营养元素的损耗、原辅料中营养元素的本底值、各类营养元素在货架期内的损耗比例、检验方法带来的偏差及检验结果准确性等 4 个主要因素，消除质量隐患。

③货架期评估：确保婴幼儿配方乳粉货架期内各营养素保持稳定，按国家标准等规定的营养素项目建立原辅材料（主料、辅料、营养素等）数据库、工艺损失率数据库、成品检测数据库、货架期衰减率数据库等，定期更新与分析，跟踪营养素指标波动，分析偏差原因，及时修订数据库，使配方中链接的数据库为有效版本，为评估和保证货架期提供科学依据。

④生乳等原辅料管控：从奶源基地源头进行全程质量安全监控，确保生乳质量安全（详见本书专题二、专题三的相关内容）。对生产中使用的全部辅料进行质量控制，制定与实施严格的辅料质量和安全验收标准，尤其对进口供应的脱盐乳清粉、乳铁蛋白以及维生素、矿物质复合营养"商品包"等进行自主可控的有效含量检测与鉴定验证（包括重金属等其他可能有害元素分析和监测），避

免终产品存在质量缺陷或潜在安全风险。

⑤工序与环境的控制：严格执行《婴幼儿配方乳粉生产许可审查细则（2013版）》《婴幼儿配方乳粉生产企业食品安全追溯信息记录规范》等技术规范。管控供风过滤系统，保证清洁作业区洁净度符合要求，确保人流、物流、气流设置合理。在配料、杀菌浓缩、预混、混合、包装等工序严格按生产规范要求执行，保证营养素各项指标合格。

⑥污染物与微生物管控：防控污染物如邻苯二甲酸酯类增塑剂、双酚A、壬基酚、重金属等，污染物主要是由各类原辅料与生产过程中接触的加工设备、管道，管道清洗可能残留的清洗剂、消毒剂，或设备破损磨损产生的金属异物，以及包装有害物迁移等污染产品。从生产实践看，产品中的微生物风险主要与原辅料质量把控不严格，生产设备及设施的工况状态与性能不佳，生产环境空气洁净度不达标，车间地面、墙壁、屋顶存在清洁死角，生产过程消毒清洗不彻底等因素密切相关。

⑦品控人员的技能保证：在管控婴幼儿配方乳粉质量工作中，规范检验操作是实现婴幼儿配方乳粉质量安全风险管控的重要前提之一。虽然人、机、料、法、环5方面因素都会对质量管控结果造成影响，但是，产生影响的显著因素还在于人，如品控监测工作中的抽样不具代表性、制样不均匀或制样方式不对、检验操作不当、数据处理人员未能发现或识别数据异常、出具报告时发生人为错误或误判等。因此，提升品控岗位人员的从业技能，保证婴幼儿配方乳粉品控队伍的业务素质非常重要。

（3）配方中的蛋白含量设计

①蛋白质的含量：研究发现，婴幼儿配方乳粉喂养的孩子每千克体重蛋白质摄入量比母乳喂养的高出55％～80％。较高的蛋白质摄入，会刺激胰岛素样生长因子（IGF-1）的分泌，激发细胞增殖，从而导致生长加速和脂肪组织增加。一般婴幼儿配方乳粉（牛乳乳清蛋白的主要成分是β-乳球蛋白）喂养的孩子体重增加现象，常常显著多于母乳喂养的婴幼儿，乃至到了成年期后，发生肥

胖、代谢综合征的可能风险也高于母乳喂养的婴幼儿。

有观察性研究结果指出，出生后 2 年内的高蛋白质摄入，明显指向儿童期的体重超重，而碳水化合物及脂肪的摄入，却没有这种预示作用。基于这点，在蛋白质含量设计上，要确保蛋白质含量宜降低，尤其是 2 段、3 段的婴幼儿配方乳粉。2010 版婴幼儿配方乳粉国家标准对蛋白质含量进行了下调，见表 4 - 1。

表 4 - 1 婴幼儿配方乳粉国家标准的蛋白含量要求

段位	国标号	蛋白质含量（g）	
		每 0.1MJ	
		最小值	最大值
1 段	GB 10765—2010	0.45	0.70
0～6 月龄婴儿	GB 10765—2018（征）	0.43	0.72
2 段	GB 10767—2010	0.7	1.2
7～12 月龄较大婴儿	GB 10766—2018（征）	0.43	0.84
3 段	GB 10767—2010	0.7	1.2
13～36 月龄幼儿	GB 10767—2018（征）	0.43	0.96

②蛋白质的质量：由于母乳中多样化蛋白质成分具有多种生物学功能活性，在婴儿配方粉的设计研发时，除确保蛋白质含量接近母乳水平且满足国家标准要求外，更应注意调整蛋白质亚组分的构成，以充分提高蛋白质的营养质量和功能活性。

根据母乳成分的研究，在现行婴儿配方食品的国家标准中明确规定乳基婴儿配方食品中乳清蛋白含量应≥60%，在生产制造中，经常采取添加乳清蛋白或脱盐乳清粉来调高婴幼儿配方乳粉的乳清蛋白所占比例。但是，随着人类对母乳研究的不断深入，该种比例的人为调整办法的结果，仍然与母乳有较大的差异，其重要一点在于母乳中不含 β-乳球蛋白，而牛乳清蛋白中的主要组分是 β-乳球蛋白。因此，如何降低母乳中不存在的成分，提高母乳中固有的高含量成分，成为婴幼儿配方乳粉蛋白质模拟母乳的重要原则。

因此，设计婴幼儿配方乳粉的乳蛋白部分时，仅仅依靠降低蛋白质含量并调整乳清蛋白和酪蛋白的比例是远远不够的，必须减少母乳中不含有的成分，提高母乳中含有的营养成分，进而实施蛋白优化组分，包括但不限于以下几个方面：

——强化α-乳白蛋白。α-乳白蛋白是母乳乳清蛋白的主成分。有临床研究发现，幼儿2岁时较高体重与蛋白质摄入过多有关，而身高不受影响，指出在婴幼儿期的低蛋白摄入，能够减少以后出现超重和肥胖。通过一组多中心、双盲的随机排列研究，发现富含α-乳白蛋白的婴幼儿配方乳粉，能够满足婴幼儿对必需氨基酸的需求，同时减少了总蛋白量的摄入，婴幼儿对喂养的耐受性也与母乳喂养的接近。因此，富含α-乳白蛋白的高质量、低蛋白质的配方，更接近母乳的蛋白质功效，既能满足婴幼儿生长发育，增加胃肠消化系统的耐受性，又能有利于减少成年期的肥胖及代谢综合征的发生。

——增加乳脂肪球膜。乳脂肪球膜蛋白作为母乳中的第3类蛋白已渐被广泛认知。对乳脂肪球膜（MFGM）的组成、营养物质、生物学功能的研究一直持续进行中。临床研究表明，MFGM具有调节免疫功能、促进大脑神经发育、提高认知水平、促进肠道健康等生物学功能。近年来，随着富含MFGM配料工艺的出现，MF-GM已开始应用于婴幼儿配方乳粉中。

——强化乳铁蛋白。乳铁蛋白是母乳中极其重要的蛋白组分之一，其调节免疫的生物学功能目前已被广泛认知，因此，在婴幼儿配方乳粉中强化乳铁蛋白含量，不仅是在蛋白组分上力求接近母乳，也是当前市场目标客户的需求。发生新冠肺炎疫情后，有关食源免疫的诉求和期望，特别是婴幼儿等特殊消费群体，成为各方关注的热点。

③配料组分的实施：众所周知，母乳中的天然活性功能性成分备受青睐，但在婴幼儿配方乳粉中如何实现呢？具体有哪些替代性原料可以应用？虽然母乳研究已发现相当多的营养成分，但是，能够转变成实际量化应用的产品并不多。要实现商品化的生产，首先要对选择的原料与母乳有关成分的相似性开展基础性研究，且能保

证充足的原料供给；其次应具有满足功能成分富集的技术和设备，对产出的配料还需进行安全性、营养性、功效性、稳定性及合规性的评价；同时，确保成本价格能够被婴幼儿配方乳粉企业所接受，以实现规模化商品生产。

目前，全球商品化的功能性乳清蛋白的配料原料，均以牛乳为来源，因为牛乳与母乳蛋白有较高的相似性，而且牛乳充足，有原料供给保障和价格优势，同时，对牛乳成分的研究也相对较其他动物乳汁更深入一些。只要集中力量深入系统地开展多项综合技术研发，就能将牛乳中的功能性成分进行富集，实现稳定的规模量产，为婴幼儿配方乳粉的乳蛋白方面模拟母乳提供可能。

(4) 沙门氏菌防控　生产环境空气洁净度不达标，工作人员接触生产设备等生产环境而间接污染产品，生产设备灭菌消毒不彻底，消费者对婴幼儿配方乳粉冲调不当或冲调后长时间放置使得细菌繁殖等，都可能导致沙门氏菌污染婴幼儿配方乳粉。

2004 年，FAO/WHO 将沙门氏菌属归属 A 类病原微生物，确定与婴儿疾病有关系。国际食品法典委员会（CODEX）2008 年修订颁布了《婴幼儿配方乳粉卫生操作规范（Code of Hygienic Practice for Powdered Formulae for Infants and Young Children）》（CAC/RCP 66），对沙门氏菌的限量进行了规定。我国 2010 年颁布实施的《食品安全国家标准　婴儿配方食品》（GB 10765）和《食品安全国家标准　较大婴儿和幼儿配方食品》（GB 10767）均对沙门氏菌进行限定。有关沙门氏菌管控参见附录。

🛈 说明

企业应定期对从业人员进行健康检查，并加强从业人员食品安全知识培训，开展生产加工环节中的沙门氏菌和阪崎肠杆菌[克罗诺杆菌（*Cronobacter*）]等微生物风险预测，分析婴幼儿配方乳粉致病微生物的污染水平与趋势，开展安全风险评估和预警。另外，提示告知消费者提高安全意识非常重要，掌握婴幼儿配方乳粉正确冲调方法，彻底清洗喂食用具并严格消毒；使用70℃以上的水冲调，降低婴幼儿感染沙门氏菌的风险；每次冲调适量，不剩余。

（5）阪崎肠杆菌防控　按照规定的方法和频次进行阪崎肠杆菌和其他肠杆菌等的监控。2010 年颁布实施的《食品安全国家标准 婴儿配方食品》（GB 10765）和《食品安全国家标准 较大婴儿和幼儿配方食品》（GB 10767）均对阪崎肠杆菌进行了限定。关于阪崎肠杆菌管控详见前面专题二中的"可能的病原菌"相关内容及附录。

预防阪崎肠杆菌污染是乳粉加工厂特别是婴幼儿配方乳粉生产厂的一项重点工作。有研究报道，婴幼儿配方乳粉工厂包括细粉尘、真空吸尘器袋、洒落的样品甚至生产用水和 CIP 阀，都曾检测分离出阪崎肠杆菌。婴幼儿配方乳粉受到阪崎肠杆菌污染有多方面原因，包括干混原辅材料的污染、生产过程的环境污染等，因此为了使危害最小化，必须对原辅材料和生产环境进行常态化监控，建立良好的监控体系，对原辅材料的验收、贮存、加工，成品的贮存、运输、分销等各环节进行严格的管理。在婴幼儿喂养的环节应告知或提示消费者，做到对盛装奶粉用的瓶子和其他喂养用具进行彻底的清洗和消毒。

（6）氯指标及 DHA 的控制

①氯与 DHA 管控：结合婴幼儿配方乳粉实际生产，应重点关注几个容易出现"压限值"的指标。国家标准规定氯为每 0.1MJ 12～38mg，应预防氯指标低于标准下限值；《食品安全国家标准 婴儿配方食品》（GB 10765）、《食品安全国家标准 较大婴儿和幼儿配方食品》（GB 10767）规定 DHA 为可选择成分且 DHA 占脂肪酸总量小于或等于 0.5%，《预包装特殊膳食用食品标签》（GB 13432）规定 DHA 占脂肪酸总量大于或等于 0.2%，较大婴儿配方食品中 DHA 占脂肪酸总量大于或等于 0.3%，应管控 DHA 在规定的范围之内。

②高氯酸盐的管控：FAO/WHO 食品添加剂联合专家委员会

（JECFA）公布高氯酸盐的暂定每日最大耐受摄入量（PMTDI）为每千克体重 $10\mu g$；2014 年，欧洲食品安全局（EFSA）建议高氯酸盐每日可耐受摄入量（PMTDI）为每千克体重 $0.3\mu g$。按一个体重 7kg 的婴儿每日摄入 120g 婴幼儿配方乳粉折算，根据 JECFA 规定的高氯酸盐 PMTDI 值，婴幼儿配方乳粉中的高氯酸盐含量不应超过 $583\mu g/kg$；按 EFSA 推荐的 PMTDI 值计，则高氯酸盐含量不应超过 $17.5\mu g/kg$。高氯酸盐可能来源于原料和饮用水受环境污染或包装材料污染。

③氯酸盐的管控：国际上尚无针对婴幼儿配方乳粉中氯酸盐的限量规定。2015 年，欧盟食品安全局（EFSA）评估报告所制订的氯酸盐每日可耐受摄入量（PMTDI）为每千克体重 $3\mu g$。如一个体重 7kg 的婴儿，平均每日按摄入 120g 婴幼儿配方乳粉折算，婴幼儿配方乳粉的氯酸盐含量不应超过 $175\mu g/kg$。氯酸盐可能来源于挤奶厅和婴粉企业使用的含氯清洁剂、氢氧化钠清洗剂或使用含氯消毒剂的生产用水。

（7）感官质量改善 作为婴幼儿的主要食品，婴幼儿配方乳粉的感官指标非常重要，包括滋（气）味、冲调性、溶解度、新鲜度等。一方面应升级改造设备设施工艺，采用生产婴幼儿配方乳粉的湿法工艺，以生乳为基料生产婴幼儿配方乳粉；另一方面，要尽可能保证生乳从挤奶到加工的时间越短越好（如控制在 6h 以内），且生乳的菌落总数控制在 $3\times10^4 CFU/mL$ 以下。采用干法工艺生产婴幼儿配方乳粉，所用的基粉，从生产日期到投料使用日期，时间控制得越短越好（如控制在 3 个月以内），避免原料的保质期与婴幼儿配方乳粉的保质期发生"双期叠加效应"，影响婴幼儿配方乳粉的感官等质量指标。

🔲 说明

实践表明，从业人员的技能素质是影响婴幼儿配方乳粉发生质量问题的主要因素之一。全球奶业曾发生的婴幼儿配方乳粉质量安全事件无不验证了这点。结合自己工作实践，以及近些年对婴幼儿配方乳粉企业安全生产规范检查情况看，往往不是生产规范体系制度建立与设置的问题，而是对质量安全的体系、制度、规范等全要素有效贯彻的执行落实力度不够。

（六）炼乳

1. 生产加工

炼乳分为淡炼乳、加糖炼乳和调制炼乳。淡炼乳和加糖炼乳的工艺流程见图 4-8 和图 4-9。

2. 特点、特性与标准

用于零售和食品工业及餐饮业；用于热带贫奶地区和军需供给。产品应符合《食品安全国家标准　炼乳》（GB 13102）要求。生产规范应符合《食品安全国家标准　乳制品良好生产规范》（GB 12693）要求。其他见专题一"概念和要义"。

3. 重要提示

炼乳的质量缺陷之一是听装产品发生胀罐。通常，一种原因可能缘于微生物胀罐，如酵母、乳酸菌、丁酸菌等污染。预防办法是严格控制杀菌和消毒，不用劣质蔗糖，半成品不暴露于不洁环境；另一种原因，可能属于理化性胀罐，如灌装温度过低而贮存温度过高时，容易形成热胀冷缩的现象。预防办法是适当提高灌装乳温，缩小罐内外的温差。

（七）奶油

1. 生产加工

奶油生产加工工艺流程见图 4-10。

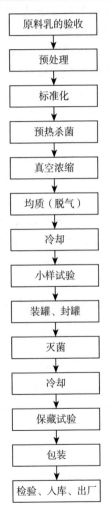

图 4-8　淡炼乳生产加工工艺流程

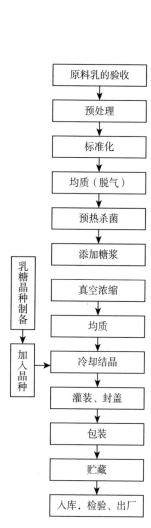

图 4-9　加糖炼乳生产加
工工艺流程

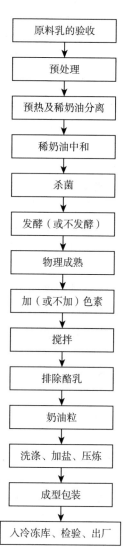

图 4-10　奶油生产加工
工艺流程

2. 特点、特性与标准

奶油贮存温度为−18～−15℃（长期贮存的应在−23℃以下）；作为奶油生产原料的稀奶油，其含脂率以 35%～45% 为宜；稀奶油杀菌温度为 85～110℃，10～30s；生产中，经杀菌后的稀奶油物理成熟温度控制在 2～6℃，保持 12～24h。奶油产品应符合《食品安全国家标准　稀奶油、奶油和无水奶油》（GB 19646）要求；生产规范应符合《食品安全国家标准　乳制品良好生产规范》（GB 12693）要求。其他见专题一"概念和要义"、专题二"耐热菌"中的"对干酪和奶油的影响"等内容。

3. 重要提示

经巴氏杀菌（或 UHT 灭菌）、均质、冷却后的稀奶油，进行搅拌时（入甩油机）必须控制装载量在甩油机总容量的 20%～50% 范畴；甩油时的温度 8～11℃；搅拌（甩油）的终点，以酪乳含脂率 0.5% 左右为宜；采用杀菌冷却水洗涤奶油粒时，水温应按奶油粒的软硬程度而定，当奶油粒较软时，洗涤水的温度应比奶油温度低 1～3℃ 为宜；另外，规范使用安那妥（β-胡萝卜素）等着色剂；保障作业人员、设备与工器具、生产环境等卫生条件。

（八）干酪

1. 天然干酪

天然干酪（原干酪）生产加工工艺流程见图 4-11。干酪有时也称"奶酪"。

(1) 特点、特性和标准　干酪发酵剂分为细菌发酵剂（乳酸球菌、乳酸杆菌、嗜热链球菌等）和霉菌发酵剂（对脂肪分解强的白青霉、蓝青霉）；理想的凝乳酶（剂）是反刍动物（哺乳期牛或羊）皱胃的提取物，又称皱胃酶。20 世纪 80 年代前，中国鞍达干酪生产也曾以猪胃蛋白酶替代皱胃酶；凝乳酶效价（活力）见 IDF 的 2002 版标准 176 公告的有关要求；干酪产品应符合《食品安全国家标准　干酪》（GB 5420）要求，生产规范应符合 GB 12693 要求。其他参见专题一"概念和要义"有关内容。

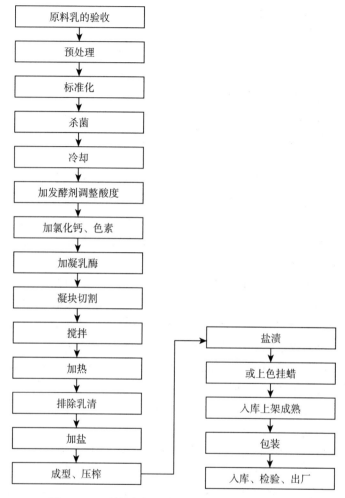

图 4-11 天然干酪（原干酪）生产加工工艺流程

（2）重要提示 干酪的原料奶（生乳）均采用杀菌 63～65℃
30min 或 72℃ 15s 标准巴氏杀菌工艺，目的是杀死致病菌，同时保
证干酪成品的得率；发酵剂纯度、活力的测定；培养基的正确制
备；发酵时间、温度及酸度的控制；盐水要求为盐渍时盐水浓度
15％～25％，温度 12～14℃；人员、工器具、环境的卫生保证；

所用添加剂应符合国家食品添加剂管理要求。

硬质干酪成熟时间与温度、湿度依品种不同而有差异。如，中国鞍达干酪3～6个月，2～10℃；北京干酪2～3个月，2～10℃；荷兰哥达干酪1～24个月，3～16℃；青纹干酪3～4个月，2～10℃；瑞士干酪4～12个月，13～10℃。

干酪成品贮藏零售时，需要冷藏（0～6℃）条件。干酪类产品包装标识，应按工艺和成分明确标清种类及天然干酪的成分比例，避免仅标"干酪"而产生误导。

关于干酪的安全性，应注意添加剂的安全使用、致病菌和腐败菌（如大肠菌、酪丁酸梭菌等）的有效控制，以及生产人员健康、干酪表面涂层与包装材料安全、生产设施卫生与制造环境卫生保证等。有关酪丁酸梭菌等微生物管控分析见前面专题二中的"耐热菌"相关内容。

(3) 干酪成熟度监测判定 判定硬质干酪是否成熟非常重要。20世纪80年代末，笔者在德国巴登符腾堡州的拉登堡（Laden-bur）研修干酪生产时，所用的硬质干酪成熟度检测方法原理是以成熟干酪对碱的缓冲作用作为成熟度的指标，简单易行。

干酪在成熟过程中，随着成熟度的增加，可溶于水的干酪组分对碱的缓冲能力也增加，尤其以在pH8～10时这种缓冲作用增加得最为明显，因此，在该pH范围内进行滴定时，干酪蛋白质分解产物的量随干酪成熟度的加深而增加。

称取5g干酪样品（粗天平即可），放入研钵中，加45mL的40～45℃水，研磨成稀薄混浊液状，静止数分钟后过滤。于2个50mL三角瓶中各加入10mL上述过滤液，第1个三角瓶中加3滴1‰酚酞酒精溶液，用0.1mol/L氢氧化钠滴定至微红色，消耗0.1mol/L氢氧化钠数为A（mL）。第2个三角瓶中加10～15滴麝香草酚酞指示剂，用0.1mol/L氢氧化钠滴定至蓝色，消耗0.1mol/L氢氧化钠数为B（mL）。

计算干酪成熟度为$(B-A) \times 100\%$。通常成熟3～4个月及以上的干酪，其成熟度一般为80%～100%；成熟2个月的为50%～

60%；成熟 1 个月的为 30%～40%。

（4）干酪发酵剂 生产干酪常用的发酵剂菌种，乳酸菌类包括乳酸链球菌、乳酪链球菌、嗜热链球菌、丁二酮乳酸链球菌、蚀橙明串珠菌、保加利亚乳杆菌（德氏乳杆菌保加利亚种）、干酪乳杆菌、嗜酸乳杆菌、丙酸菌、涂抹杆菌等；真菌类包括白地霉、白青霉、米黑根毛霉、娄地青霉、沙门柏干酪青霉、纳地青霉及脆壁克鲁维酵母、解脂假丝酵母等。

市场常见的制作比萨用的马苏里拉干酪（Mozzarella Cheese）主要是嗜热型混合发酵剂（嗜热链球菌、德氏乳杆菌保加利亚种、瑞士乳杆菌等），能够耐 42℃ 的热烫揉捏而保持菌种旺盛活力，使马苏里拉干酪在烘焙受热时呈现黏性拉丝特征。

目前，国际上大多数国家和地区将食品用微生物作为食品原料的一种进行管理，在评估长期以来的安全使用情况时，特别侧重于生产传统食品的安全食用历史，如 2011 年，德国联邦参议院决定基于使用历史进行管理。国际乳品联合会（IDF）中国委员会一直参与 IDF 微生物菌种名单的更新发布工作，开展中国传统发酵食品用微生物菌种名单研究。

2012 年，国家卫生和计划生育委员会检验监督中心用一年时间专门组织开展传统发酵食品用微生物菌种专项调查。2016 年 7 月至 2020 年 12 月，我国通过实施"十三五"国家重点研发计划项目，组织开展传统发酵食品用微生物菌种资源发掘与评估。

干酪用生产发酵剂的菌种应符合国家有关干酪菌种规定。现代遗传学技术已培育出新型干酪菌株，基因克隆技术也为构建新型发酵剂提供了可能。针对新型菌株的安全性，应持续关注国内外最新研究进展。

2. 再制干酪

（1）再制干酪生产 其工艺简述为干酪原料混料计算→干酪修整→原料称量并粉碎→加乳化盐→融化锅内搅拌、加热、融化（乳化）、杀菌→保温灌装→冷却至室温→装箱→冷藏（2～6℃）。其中，杀菌的温度控制关键细节，需满足由料温升至 64℃ 2min，保持在 65～70℃ 30min。当采用自动一体化成套设备生产再制干酪时，其时间温度参数略有差异。

（2）混料配方工艺 不同批次的天然干酪，具有不同的脂肪和干物质含量。在实际生产中，通过干酪原料混料计算是非常必要的，把实际指标值与预期值之差限制在合理误差内。应特别注意，计算时应考虑融化过程中洁净蒸汽所产生的冷凝水对产品的影响。再制干酪配方工艺及配料计算，在此不展开叙述，可参考笔者发表在《中国乳业》杂志 2019 年第 7 期《再制干酪工艺配料实用控制技术》一文。

（3）乳化盐 为使再制干酪成品具有特定的组织状态和适用性（如切片状、块状或可涂布性等），同时改善风味和调整 pH，单独或混合加入食用柠檬酸盐、磷酸盐、聚磷酸盐，以上盐类统称乳化盐。

一般总添加量平均为料重的 2％～3％。如市场上快餐汉堡包用片状干酪，其乳化盐是由柠檬酸钠和磷酸氢二钠混合而成，二者比例为 5∶1；市场零售涂布干酪，其乳化盐是二磷酸钠和磷酸氢二钠混合而用，二者比例为 1∶2。柠檬酸盐主要用于片状、块状的再制干酪中；磷酸盐可使再制干酪变稀，主要用于涂布型再制干酪，但因聚磷酸盐具有较强乳化作用，所以用量应少。乳化盐应用配比实例，可参考笔者发表在《中国乳业》杂志 2019 年第 12 期《论再制干酪的质量保证》一文。

再制干酪应符合《食品安全国家标准　再制干酪》（GB 25192）要求，生产规范应符合《食品安全国家标准　乳制品良好生产规范》（GB 12693）要求，添加剂应符合《食品安全国家标准　食品添加剂使用标准》（GB 2760）要求。建立人员、环境、工器具、生产等的卫生标准操作规程（SSOP）。应特别注意，所用乳化盐应符合国家食品添加剂管理要求或 CAC、IDF 标准。

3. 干酪食品

企业应制定和执行干酪食品的企业标准。干酪食品是用一种或一种以上天然干酪或再制干酪，添加或不添加食品卫生标准所规定的添加剂，经粉碎、混合、加热融化而制成的产品。同时，产品中天然干酪和再制干酪的重量应占总重量 50％以上，当添加香料、调味料或其他食品时，须控制在产品干物质总量的 1/6 以内，可以添加非乳源的脂肪、蛋白或碳水化合物，但不得超过产品总重量的 10％。

应注意干酪食品与天然干酪、再制干酪的区别。简单说，该类干酪食品的研发原则之一在于（作为原料）天然干酪最低比例的控制，避免滥用"干酪"或"奶酪"名词，混淆视听，确保实现产品的规范标识，保证消费者的知情权和"明白"消费。近些年国内干酪消费需求增幅迅猛，应正确引导干酪产业健康发展，确保产品营养价值和规范质量要求，服务营养与健康，显得非常重要。

（九）冰激凌

冰激凌在我国不属于乳制品范畴，被归类于冷冻饮品。但由于冰激凌是典型的含乳成分较多的食品，而且相当数量的冰激凌是由乳品企业生产，因此在此一并介绍。

近年来，我国冰激凌生产每年以 25％以上的速度递增，中国已成为全球冰激凌消费大国。2018 年，中国冰激凌市场总量达 1 239.37 亿元，产销量 506.42 万 t，人均 3.62kg。

1. 概述

冰激凌（也称冰淇淋），是以饮用水、生乳、乳粉、奶油（或植物油脂）、白糖等为主要原料，加入适量食品添加剂，经混合、灭菌、均质、老化、凝冻、硬化等工艺制成体积膨化的冷冻饮品。

以往历史案例表明，如管控不当，冰激凌极易发生质量安全风险问题。主要由于诸如原料、生产环境、储运销售环节引起的微生物交叉污染，消费前贮存期间冷库温度波动大等引发安全风险。此外，违反食品添加剂使用规范，总固形物、总糖、脂肪、蛋白质等含量不符合规定要求，微生物超标等。

冰激凌是备受欢迎的大众食品，食用群体庞大，因此，提高冰激凌产品质量尤其是卫生安全质量，全面认识和引入危害分析与关键控制点体系，对确保冰激凌的食用安全，达到预防、消除和降低冰激凌食用风险性具有重要意义。

2. 生产与管控

冰激凌生产加工工艺见图4-12。

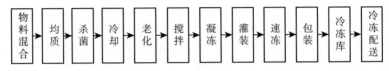

图4-12　冰激凌生产加工工艺

（1）特点、特性和标准　混合物料种类较多，如生乳、乳粉、奶油（包括人造奶油）、蔗糖和稳定剂、蛋制品、果汁等；多为乳品厂专业化生产，且采用成套的专用设备；冰激凌产品应符合《冷冻饮品　冰淇淋》（GB/T 31114）要求；对冰激凌产品实施监督抽查时，按《产品质量监督抽查实施规范　冷冻饮品》的要求执行。

> **说明**
>
> 　　常见于快餐店的冷冻甜品奶昔（milk shake mix）、圣代（soft serve mix）属于冰激凌软料，在乳品厂也称奶昔原浆、圣代原浆。两者的共同点是使用原料相似，主要是稀奶油、脱脂奶、全脂乳粉、白砂糖、玉米糖浆等。两者差异是原料使用配比不同，奶昔的含脂率3.5%、无脂干物质10.25%、蔗糖8%、玉米糖浆固形物1.75%，而圣代的含脂率5%、无脂干物质11.25%、蔗糖13%、玉米糖浆固形物2.75%。其中，作为原料之一的玉米糖浆总固形物含量要求为48%～49%。

（2）质量风险提示

①安全风险度较高：冰激凌原料中由于含有对微生物敏感的稀奶油等乳成分，生产过程中虽然进行了有效杀菌，但是产品在消费食用前仍有可能被有害杂菌污染。冰激凌的消费人群广泛，包括儿童、中老年人等特定群体，加之在食用前再无热杀菌处理，因此，

冰激凌在美国等一些国家已被列为食品安全风险级别较高的一种食品。

②重要管控参数：管控所用主要原料的安全性，尤其是乳粉；其他辅料、添加剂的安全性，包括卫生消毒保证；老化成熟罐使用前的严格清洗与杀菌；老化成熟的冷却温度和老化时间（一般 2～6℃、4～24h）；速冻硬化（－40～－30℃）的温度保证；内包装材料的卫生安全性，以及预防后期污染的密封性。所用原料和添加剂应符合国家食品及食品添加剂安全管理要求。

③流通环节温度控制：贮存、运输、零售的冷链温度应确保产品中心温度低于－22℃，保证冰激凌在储存、配送与销售零售端的冷冻温度始终恒定，是避免发生食品安全风险尤其是微生物风险的重要前提。温度保证问题说起来简单，但是，从生产制造成品，直至消费者食用消费时，全程做到冰激凌贮藏温度始终保持在－22℃环境条件是很难的，因此需要相关方在各环节共同管控。

三、其他乳制品

其他乳制品主要包括乳清粉、液体乳清、乳清蛋白粉、酪蛋白粉、乳铁蛋白、乳糖、酪乳粉（buttermilk powder）、干酪素等，以及相关乳源性生物提纯制剂。目前，这类产品国内很少生产，几乎都是进口，乳品企业或多或少作为其他乳制品或食品的生产原料，有的每年进口用量很大。

结合国内外该类乳制品的生产供给现状，针对这一类原料型产品的质量安全评估分析与潜在风险管控，除严格执行现行的国家对入境食品检验检疫有关质量卫生监管的要求外，还应包括但不限于以下几方面。

1. 产地与流通监管

这类原料型产品的实际产地的属实性和境外生产状况与条件、质量风险的评估；同类产品，其他国家或地区的使用情况与主要具体应用形式及产品；进口贸易流通渠道的可靠性和可控性；流通与贮存环节的全程有效安全监控。

2. 质量鉴定与监测

批次产品的有效成分与纯度的确认与验证，以及主要技术指标官方或委托第三方检测的认定等级鉴定报告；结合自身终产品特性及其消费群体的特点，应构建与执行专项指标的质量安全跟踪自主监测体系。

3. 关注浓缩蛋白类

基于以某些进口浓缩型乳源性蛋白类制品作为乳制品原料，乳品企业等相关方要持续关注国内外相应安全风险预警最新信息和研究进展；必要时，组织开展终产品的食用安全风险质量跟踪评估，研究实施批次产品限量使用的科学性、必要性和可行性。

参 考 文 献

陈历俊，2008. 原料乳生产与质量控制 [M]. 北京：中国轻工业出版社.

董义春，2010. 奶牛用药知识手册 [M]. 北京：中国农业出版社.

谷鸣，2009. 乳品工程师实用技术手册 [M]. 北京：中国轻工业出版社.

顾绍平，刘先德，2011. 乳制品生产企业建立和实施 GMP、HACCP 体系技术指南 [M]. 北京：中国质检出版社，中国标准出版社.

国家食品药品监督管理局，2009. 国际食品法典标准汇编（第四卷）[M]. 北京：科学出版社.

何子阳，李胜利，2011. 中国学生饮用奶奶源管理技术手册：2011 版 [M]. 北京：中国农业大学出版社.

刘成果，2013. 中国奶业史 [M]. 北京：中国农业出版社.

刘亚清，王加启，2019. 中国奶业质量报告（2019）[M]. 北京：中国农业科学技术出版社.

全国畜牧总站，2017. 奶业科普百问 [M]. 北京：中国农业出版社.

全国畜牧总站，2018. 动动奶酪又何妨 [M]. 北京：中国农业出版社.

任发政，罗浩，郭慧媛，2016. 中国乳制品安全现状与产业发展解析 [J]. 中国食品学报（6）：1-5.

食品安全与消费丛书编写组，2014. 乳蛋肉与水产制品 100 问 [M]. 北京：中国质检出版社，中国标准出版社.

王加启，2006. 奶牛养殖科学 [M]. 北京：中国农业出版社.

王建飞，郭本恒，刘志东，等，2012. 乳品包装材料安全性的研究进展 [J]. 食品工业科技（12）：418-420.

许晓曦，闫军，张书义，2010. 原料奶贮存和运输过程中 *S. aureus* 的暴露评估 [J]. 中国乳品工业（7）：54-58.

张和平，张列兵，2005. 现代乳品工业手册 [M]. 北京：中国轻工业出版社.

张军民，2010. 奶牛良好农业规范生产技术指南 [M]. 北京：中国标准出版社.

张书义，2007. 实施奶牛良好农业规范认证提高原料奶质量 [J]. 中国乳业 (5)：50-52.

张雪梅，孙鑫贵，卢阳，等，2008. 阪崎肠杆菌的研究进展 [J]. 中国乳品工业 (3)：42-46.

周鑫宇，李胜利，2016. 奶牛场标准化操作规程 [M]. 北京：中国农业出版社.

R.E. 布坎南，N.E. 吉本斯，等，1984. 伯杰细菌鉴定手册 [M]. 8版. 中国科学院微生物研究所《伯杰细菌鉴定手册》翻译组，译. 北京农业大学《伯杰细菌鉴定手册》审校组，校. 北京：科学出版社.

附　　录

附录一　中国批准的奶牛药物休药期和弃奶期

序号	药物制剂名称	生乳中 MRLs（µg/kg）	弃奶期（d）	休药期（d）	备注
1	恩诺沙星注射液	100			
2	硫酸庆大霉素注射液	200			
3	醋酸地塞米松片	0.3		0	
4	辛硫磷浇泼溶液	10		14	
5	氰戊菊酯溶液	100		28	
6	溴氰菊酯溶液	30		28	
7	复方磺胺甲氧达嗪钠注射液	100		28	
8	磺胺甲氧达嗪钠注射液	100		28	
9	地西泮注射液	不得检出		28	
10	硫酸头孢喹肟注射液	20	1		
11	乙酰氨基阿维菌素注射液		1		
12	注射用氨苄西林钠	10	2		
13	氨苄西林混悬注射液	10	2		
14	普鲁卡因青霉素注射液	4	2		
15	盐酸土霉素注射液	100	2		泌乳牛禁用
16	注射用盐酸四环素	100	2		泌乳牛禁用
17	注射用盐酸土霉素	100	2		泌乳牛禁用
18	复方磺胺嘧啶钠注射液	100	2		
19	水杨酸钠注射液		2		
20	注射用氯唑西林钠	30	2		

（续）

序号	药物制剂名称	生乳中 MRLs（μg/kg）	弃奶期（d）	休药期（d）	备注
21	头孢氨苄乳剂	100	2		
22	氨唑西林钠、氨苄西林钠（泌乳期）	30/10	2		
23	双甲脒溶液	10	2		
24	注射用青霉素钾		3		
25	注射用青霉素钠		3		
26	注射用苯唑西林钠	30	3		
27	注射用普鲁卡因青霉素	4	3		
28	注射用苄星青霉素	4	3		
29	注射用硫酸链霉素	200	3		
30	注射用硫酸双清链霉素	200	3		
31	注射用乳糖酸红霉素	40	3		
32	盐酸吡利霉素乳房注入剂（泌乳期）		3		
33	磺胺嘧啶钠注射液	100	3		
34	地塞米松磷酸钠注射液	0.3	3		
35	二嗪农溶液600	20	3		
36	二嗪农溶液250	20	3		
37	阿莫西林注射液	10	4		
38	苄星氯唑西林乳房注入剂（干乳期）		439		
39	氨苄西林、苄星氯唑西林乳房注入剂（干乳期）	10	4		
40	注射用氨苄西林钠	30	7		
41	硫酸双清链霉素注射液	200	7		
42	注射用硫酸卡那霉素		7		
43	硫酸卡那霉素注射液		7		
44	土霉素注射液	100	7		泌乳牛禁用

（续）

序号	药物制剂名称	生乳中MRLs（μg/kg）	弃奶期（d）	休药期（d）	备注
45	长效土霉素注射液	100	7		泌乳牛禁用
46	长效盐酸土霉素注射液	100	7		泌乳牛禁用
47	盐酸林可霉素乳房注入剂	150	7		
48	复方磺胺对甲氧嘧啶钠注射液	100	7		
49	复方磺胺对甲氧嘧啶片	100	7		
50	吡喹酮片		7		
51	注射用三氮脒	150	7		
52	安钠咖注射液		7		
53	盐酸氯胺酮注射液	不需要制定	7		
54	氢溴酸东莨菪碱注射液		7		
55	盐酸赛拉唑注射液		7		
56	安乃近片		7		
57	安乃近注射液		7		
58	苯丙酸诺龙注射液	不得检出	7		
59	苯甲酸雌二醇子宫注入剂	不得检出	7		
60	苯甲酸雌二醇注射液	不得检出	7		
61	维生素 D_3 注射液	不需要制定	7		
62	盐酸异丙嗪注射液		7		
63	伊维菌素注射液	10	28		
64	氯氰碘柳氨钠片		28		
65	阿莫西林、克拉维酸钾注射液		28		
66	氯氰碘柳氨钠注射液		28		
67	盐酸林可霉素-硫酸新霉素乳房注入剂（泌乳期）	150	60h		
68	氨苄西林钠、氯唑西林钠乳房注入剂（泌乳期）	10	60h		

（续）

序号	药物制剂名称	生乳中 MRLs (μg/kg)	弃奶期 (d)	休药期 (d)	备注
69	乳酸环丙沙星注射液		84h		
70	复方磺胺间甲氧嘧啶钠注射液	100		28	泌乳牛禁用
71	磺胺间甲氧嘧啶钠注射液	100		28	泌乳牛禁用
72	氯硝柳胺片			28	
73	硝氯酚片			28	
74	三氯苯达唑混悬液			28	
75	溴酚磷片			21	
76	氟尼新葡甲胺注射液			28	
77	醋酸氢化可的松注射液	不需要制定		0	
78	氢化可的松注射液	不需要制定		0	
79	醋酸泼尼松片			0	
80	黄体酮注射液			30	泌乳牛禁用
81	甲基前列腺素 $F_{2\alpha}$ 注射液			1	
82	氯前列醇注射液	不需要制定		1	
83	注射用氯前列醇钠	不需要制定		1	
84	氯前列醇钠注射液	不需要制定		1	
85	维生素 B_1 片	不需要制定		0	
86	苄星氯唑西林注射液			28	泌乳牛禁用
87	蝇毒磷溶液			28	
88	精制马拉硫磷溶液			28	
89	注射用盐酸金霉素	100			泌乳牛禁用
90	替米考星注射液	绵羊奶 50			泌乳期禁用
91	氯唑西林钠/氨苄西林钠乳剂（干乳期）	30/10			泌乳期禁用
92	盐酸环丙沙星注射液				

（续）

序号	药物制剂名称	生乳中MRLs（μg/kg）	弃奶期（d）	休药期（d）	备注
93	三氯苯达唑颗粒				产奶期禁用
94	三氯苯达唑片				产奶期禁用
95	注射用喹嘧胺				
96	注射用新胂凡纳明				
97	硫酸喹啉脲注射液				
98	盐酸哌替啶注射液				
99	尼可刹米注射液				
100	注射用硫喷妥钠	不需要制定			
101	氯化琥珀胆碱注射液				
102	氨甲酰胆碱注射液				
103	氯化氨甲酰胆碱注射液				
104	甲硫酸新斯的明注射液				
105	硝酸毛果芸香碱注射液				
106	盐酸肾上腺素注射液	不需要制定			
107	重酒石酸去甲肾上腺素注射液				
108	硫酸阿托品注射液	不需要制定			
109	盐酸麻黄碱片				
110	盐酸麻黄碱注射液				
111	盐酸普鲁卡因注射液	不需要制定			
112	盐酸利多卡因注射液				
113	安痛定注射液				
114	对乙酰氨基酚注射液				
115	复方氨基比林注射液				
116	亚硫酸氢钠甲萘醌注射液	不需要制定			
117	醋酸可的松注射液				

（续）

序号	药物制剂名称	生乳中MRLs（μg/kg）	弃奶期（d）	休药期（d）	备注
118	氯化铵				
119	毒毛花苷 K 注射液				
120	洋地黄毒苷注射液				
121	氨茶碱注射液				
122	复方水杨酸钠注射液				
123	维生素 K$_1$ 注射液				
124	酚磺乙胺注射液				
125	凝血质注射液				
126	安络血注射液				
127	枸橼酸钠注射液				
128	维生素 B$_{12}$ 注射液	不需要制定			
129	右旋糖酐 40 葡萄糖注射液				
130	右旋糖酐 40 氯化钠注射液				
131	右旋糖酐 70 氯化钠注射液				
132	右旋糖酐 70 葡萄糖注射液				
133	葡萄糖注射液				
134	葡萄糖氯化钠注射液				
135	氯化钠注射液				
136	氯化钾注射液				
137	复方氯化钠注射液				
138	碳酸氢钠片				
139	碳酸氢钠注射液				
140	乳酸钠注射液	不需要制定			
141	呋塞米片				
142	呋塞米注射液				

（续）

序号	药物制剂名称	生乳中 MRLs（μg/kg）	弃奶期（d）	休药期（d）	备注
143	氢氯噻嗪片				
144	缩宫素注射液	不需要制定			
145	山梨醇注射液				
146	甘露醇注射液	不需要制定			
147	垂体后叶注射液				
148	马来酸麦角新碱注射液	不需要制定			
149	丙酸睾酮注射液				
150	复方黄体酮缓释圈				
151	黄体酮阴道缓释剂				
152	注射用血促性素				
153	注射用绒促性素				
154	醋酸促性腺激素释放激素注射液	不需要制定			
155	注射用垂体促黄体素	不需要制定			
156	注射用促黄体素释放激素 A_2	不需要制定			
157	注射用促黄体素释放激素 A_3	不需要制定			
158	注射用垂体促卵泡素	不需要制定			
159	氨基丁三醇前列腺素 $F_{2\alpha}$ 注射液				
160	维生素 D_2 胶性钙注射液	不需要制定			
161	维生素 AD 注射液	不需要制定			
162	维生素 AD 油	不需要制定			
163	烟酸片				
164	氯化钙注射液				
165	氯化钙葡萄糖注射液				
166	硼葡萄糖酸钙注射液	不需要制定			
167	葡萄糖酸钙注射液	不需要制定			

（续）

序号	药物制剂名称	生乳中 MRLs（μg/kg）	弃奶期（d）	休药期（d）	备注
168	亚硒酸钠注射液				
169	复方布他林注射液				
170	盐酸苯海拉明注射液				
171	马来酸氯苯那敏注射液				
172	二巯丙醇钠注射液				
173	复方黄体酮缓释圈				
174	二巯丙醇注射液				
175	松节油搽剂				
176	碘解磷定注射液				
177	氯解磷定注射液				
178	亚甲蓝注射液				
179	乙酰胺注射液				
180	亚硝酸钠注射液				
181	盐酸小檗碱片				
182	稀葡萄糖酸氯己定溶液	不需要制定			
183	碘酊	不需要制定			
184	碘仿	不需要制定			
185	碘附	不需要制定			
186	碘甘油	不需要制定			
187	聚维酮碘溶液				
188	苯扎溴铵溶液				
189	癸甲溴铵、碘溶液				
190	癸甲溴铵溶液				
191	度米芬				
192	醋酸氯己定子宫灌注剂	不需要制定			

（续）

序号	药物制剂名称	生乳中 MRLs (μg/kg)	弃奶期 (d)	休药期 (d)	备注
193	醋酸氯己定	不需要制定			
194	高锰酸钾				
195	过氧乙酸溶液				
196	氢氧化钠				
197	鱼石脂软膏				
198	松馏油				
199	氧化锌软膏				
200	倍硫酸				
201	人工矿泉盐				
202	胃蛋白酶				
203	稀盐酸	不需要制定			
204	干酵母片				
205	稀醋酸				
206	芳香氨醑				
207	浓氯化钠注射液				
208	乳酸	不需要制定			
209	鱼石脂				
210	二甲硅油片				
211	硫酸钠				
212	液状石蜡				
213	氧化镁				
214	碱式硝酸铋	不需要制定			
215	碱式碳酸铋片	不需要制定			
216	硫酸镁				
217	药用炭				

注：表中弃奶期、休药期一栏空白的，指未做该药物弃奶和休药期的具体天数规定。

附录二　食品动物禁用的兽药及其他化合物清单

序号	兽药及其他化合物名称	禁止用途	禁用动物
1	性激素类：己烯雌酚 Diethylstilbestrol 及其盐、酯及制剂	所有用途	所有食品动物
2	β-兴奋剂类：克仑特罗 Clenbuterol、沙丁胺醇 Salbutamol、西马特罗 Cimaterol 及其盐、酯及制剂	所有用途	所有食品动物
3	氯霉素 Chloramphenicol 及其盐、酯（包括琥珀氯霉素 Chloramphenicol Succinate）及制剂	所有用途	所有食品动物
4	具备雌激素样作用的物质：玉米赤霉醇 Zeranol、去甲雄三烯醇酮 Trenbolone、醋酸甲孕酮 Mengestrol Acetate 及制剂	所有用途	所有食品动物
5	氨苯砜 Dapsone 及制剂	所有用途	所有食品动物
6	硝基化合物：硝基酚钠 Sodium nitrophenolate、硝呋烯腙 Nitrovin 及制剂	所有用途	所有食品动物
7	硝基呋喃类：呋喃唑酮 Furazolidone、呋喃它酮 Furaltadone、呋喃苯烯酸 Nifurstyrenatesodium 及制剂	所有用途	所有食品动物
8	催眠、镇静类：安眠酮 Methaqualone 及制剂	所有用途	所有食品动物
9	呋喃丹（克百威）Carbofuran	杀虫剂	水生食品动物
10	毒杀芬（氯化烯）Camahechlor	杀虫剂、清塘剂	水生食品动物
11	林丹（丙体六六六）Lindane	杀虫剂	水生食品动物
12	杀虫脒（克死螨）Chlordimeform	杀虫剂	水生食品动物
13	双甲脒 Amitraz	杀虫剂	水生食品动物
14	锥虫胂胺 Tryparsamide	杀虫剂	水生食品动物
15	酒石酸锑钾 Antimonypotassiumtartrate	杀虫剂	水生食品动物

（续）

序号	兽药及其他化合物名称	禁止用途	禁用动物
16	孔雀石绿 Malachitegreen	抗菌、杀虫剂	水生食品动物
17	五氯酚酸钠 Pentachlorophenolsodium	杀螺剂	水生食品动物
18	各种汞制剂 包括：氯化亚汞（甘汞）Calomel，硝酸亚汞 Mercurous nitrate，醋酸汞 Mercurous acetate，吡啶基醋酸汞 Pyridyl mercurous acetate	杀虫剂	动物
19	性激素类：甲基睾丸酮 Methyltestosterone、丙酸睾酮 Testosterone Propionate、苯丙酸诺龙 Nandrolone phenylpropionate、苯甲酸雌二醇 Estradiol Benzoate 及其盐、酯及制剂	促生长	所有食品动物
20	硝基咪唑类：甲硝唑 Metronidazole、地美硝唑 Dimetridazole 及其盐、酯及制剂	促生长	所有食品动物
21	催眠、镇静类：氯丙嗪 Chlorpromazine、地西泮（安定）Diazepam 及其盐、酯及制剂	促生长	所有食品动物

注：食品动物是指各种供人食用或其产品供人食用的动物。

附录三　中国和部分乳品贸易国（地区）及国际组织牛奶中兽药最大残留限量（MRL）

单位：mg/kg

兽药名称	中国	日本	美国	欧盟	澳大利亚	加拿大	国际食品法典委员会（CAC）
阿苯达唑	0.1	—	—	0.1	—	—	—
烯丙孕素	—	0.003	—	—	—	—	—
阿米曲士	0.01	0.01	—	0.01	0.1	—	0.01
阿莫西林	0.01	0.008	0.01	0.004	0.01	—	—

（续）

兽药名称	中国	日本	美国	欧盟	澳大利亚	加拿大	国际食品法典委员会（CAC）
氨苄西林	0.01	0.02	0.01	0.004	0.01	0.01	—
阿扑西林	—	0.05	—	—	—	—	—
杆菌肽	0.5	0.4	0.5	0.1	0.5	—	—
巴喹普林	—	0.03	—	0.03	—	—	—
青霉素	0.004	0.004	—	0.004	0.001 5	—	0.004
倍他米松	0.000 3	0.000 3	—	0.000 3	—	—	—
二环霉素	—	0.1	—	—	—	—	—
头孢乙腈	—	0.1	—	0.125	—	—	—
头孢氨苄	0.1	0.1	—	0.1	—	—	—
头孢洛宁	—	0.01	—	0.02	0.02	—	—
头孢唑啉	—	0.05	—	0.05	—	—	—
头孢哌酮	—	0.05	—	0.05	—	—	—
头孢喹肟	0.02	0.02	—	0.02	—	—	—
头孢噻呋	0.1	0.1	0.1	0.1	0.1	0.1	0.1
头孢呋辛	—	0.02	—	—	0.1	—	—
头孢匹林	—	0.03	0.02	0.06	0.01	0.02	—
氯己定	—	0.05	—	—	0.05	—	—
氯地孕酮	—	0.003	—	0.002 5	—	—	—
金霉素	0.1	0.1	—	0.1	0.1	0.1	0.1
克拉维酸	0.2	0.1	—	0.2	0.01	—	—
克仑特罗	—	0.000 05	—	0.000 05	—	—	0.05
氯吡多	0.02	0.02	0.02	—	—	—	—
氯舒隆	—	2	—	—	1.5	—	—
氯司替勃	—	0.000 5	—	—	—	—	—
氯唑西林	0.03	0.02	0.01	0.03	0.01	—	—

（续）

兽药名称	中国	日本	美国	欧盟	澳大利亚	加拿大	国际食品法典委员会（CAC）
多黏菌素 E	0.05	0.05	—	0.05	—	—	—
达氟沙星	0.03	0.05	—	0.03	—	—	—
溴氰菊酯	0.03	0.03	—	0.02	0.05	—	0.03
地塞米松	0.000 3	0.02	—	0.000 3	0.05	—	—
敌匹硫磷	0.02	0.02	—	0.02	0.5	—	0.02
丁二酸二丁酯（琥珀酸二丁酯）	—	0.04	—	—	—	—	—
双氯西林	—	0.01	—	0.03	—	—	—
双氢链霉素	0.2	0.2	0.125	0.2	0.2	0.125	0.2
二胨那秦	0.15	—	—	—	—	—	0.15
多拉克汀	—	0.015	—	—	0.05	—	0.015
恩氟沙星	0.1	0.05	—	0.1	—	—	—
依立诺克丁	—	0.02	0.012	0.02	0.03	0.02	0.02
红霉素	0.04	0.04	—	0.04	0.04	0.05	—
二羟甲基二甲胺	—	0.001	—	—	—	—	—
非班太尔	0.1	0.1	—	0.01	—	—	0.1
芬苯达唑	0.1	0.1	0.6	0.01	0.1	—	0.1
氰戊菊酯	0.1	0.1	—	—	0.2	—	0.1
黄霉素	—	0.01	—	—	0.01	—	—
氟苯达唑	—	0.01	—	—	—	—	—
氟甲喹	0.05	0.1	—	—	—	—	—
氟氯苯菊酯	0.03	0.05	—	0.03	0.05	—	0.05
氟尼辛	—	0.04	0.002	0.04	—	—	—
磷霉素	—	0.05	—	—	—	—	—
庆大霉素	0.2	0.2	—	—	—	—	0.2
氢化可的松	—	0.01	0.01	—	—	0.01	—

（续）

兽药名称	中国	日本	美国	欧盟	澳大利亚	加拿大	国际食品法典委员会（CAC）
咪多卡	—	0.05	—	0.05	0.2	—	0.05
氮氨菲啶	0.1	0.1	—	—	—	—	0.1
伊维菌素	0.01	0.01	—	—	0.05	—	0.01
卡那霉素	—	0.4	—	—	—	—	—
酮洛芬	—	0.05	—	—	0.05	—	—
拉沙洛西	—	0.01	—	—	0.01	—	—
左旋咪唑	—	0.3	—	—	0.3	—	—
林可霉素	0.15	0.15	—	0.15	0.02	—	0.15
马波沙星	—	0.075	—	0.075	—	—	—
甲苯达唑	—	0.02	—	—	0.02	—	—
氮卓脒表霉素	—	0.05	—	—	—	—	—
美洛昔康	—	0.02	—	0.015	0.005	—	—
孟布酮	—	0.04	—	—	—	—	—
甲泼尼龙	—	0.01	0.01	—	—	—	—
甲氧氯普胺	—	0.005	—	—	—	—	—
莫能星	—	0.01	—	0.002	0.01	—	—
莫仑太尔	—	0.1	—	—	0.1	—	—
莫昔克丁	—	0.04	0.04	0.04	2	—	—
萘夫西林	—	0.005	—	0.03	—	—	—
那罗星	—	0.03	—	—	—	—	—
新霉素	0.5	0.5	0.15	1.5	—	1.5	1.5
诺孕美特	—	0.000 1	—	—	—	—	—
新生霉素	—	0.08	0.1	0.05	0.1	—	—
竹桃霉素	—	0.05	—	—	—	—	—

（续）

兽药名称	中国	日本	美国	欧盟	澳大利亚	加拿大	国际食品法典委员会（CAC）
奥比沙星	—	0.02	—	—	—	—	—
苯唑西林	0.03	0.03	—	0.03	0.01	—	—
奥芬达唑	0.1	0.1	—	0.01	0.1	—	0.1
奥苯达唑	—	0.03	—	—	—	—	—
羟氯扎胺	—	0.3	—	0.01	0.05	—	—
土霉素	0.1	0.1	0.3	0.1	0.1	0.1	0.1
帕苯达唑	—	0.1	—	—	0.1	—	—
巴龙霉素	—	0	—	0	—	—	—
辛硫磷	0.01	—	—	0.02	—	—	—
哌嗪	—	0.05	—	—	—	—	—
吡利霉素	—	0.3	0.4	0.1	—	0.4	0.2
多黏菌素 B	—	0.5	—	—	—	—	—
泼尼松龙	—	0.000 7	—	0.006	—	—	—
吡芬溴胺	—	0.05	—	—	—	—	—
普鲁卡因青霉素	0.04	—	—	—	0.002 5	—	—
利福昔明	—	0.06	—	0.06	—	—	—
大观霉素	0.2	0.2	—	0.2	2	—	0.2
螺旋霉素	—	0.2	—	0.2	—	—	0.2
链霉素	0.2	—	—	0.2	0.2	—	—
苯酰磺胺	0.1	0.01	—	0.1	—	—	—
磺胺溴甲嘧啶钠	0.1	0.01	0.01	0.1	—	—	—
磺胺醋酰	0.1	0.01	—	0.1	—	—	—
磺胺嘧啶	0.1	0.07	—	0.1	0.1	—	—

（续）

兽药名称	中国	日本	美国	欧盟	澳大利亚	加拿大	国际食品法典委员会（CAC）
磺胺地索辛	0.1	0.02	0.01	0.1	—	—	—
磺胺二甲嘧啶	0.025	0.025	—	0.1	—	—	0.025
磺胺多辛	0.1	0.06	—	0.1	0.1	—	—
磺胺乙氧嗪	0.1	0.01	—	0.1	—	—	—
磺胺脒	0.1	0.01	—	0.1	—	—	—
磺胺	0.1	0.01	—	0.1	—	—	—
磺胺吡啶	0.1	0.01	—	0.1	—	—	—
磺胺喹沙啉	—	0.01	—	0.1	—	—	—
磺胺噻唑	0.1	0.09	—	0.1	—	—	—
磺胺曲沙唑	0.1	0.1	—	0.1	0.1	—	—
四环素	0.1	0.1	—	0.1	0.1	0.1	0.1
噻苯达唑	0.1	0.1	—	0.1	0.05	0.05	0.1
甲砜霉素	0.05	0.1	—	0.05	—	—	—
替米考星	—	0.05	—	0.05	0.025	—	—
硫普罗宁	—	0.02	—	—	—	—	—
托芬那酸	—	0.05	—	0.05	0.05	—	—
三溴沙仑	—	0.01	—	—	—	—	—
甲氧苄啶	0.05	—	—	—	0.05	—	—
曲吡那敏	—	0.02	0.02	—	—	—	—
泰洛星	0.05	0.05	0.05	0.05	0.05	—	—
维吉霉素	—	0.1	—	—	0.1	—	—
折仑诺	—	0.002	—	—	—	—	—

附录四　中国和部分乳品贸易国（地区）及国际组织牛奶中农药最大残留限量（MRL）

单位：mg/kg

农药名称	中国	日本	美国	欧盟	澳大利亚	加拿大	国际食品法典委员会（CAC）
阿维菌素	—	0.005	0.005	—	0.02	—	0.005
乙酰甲胺磷	—	0.02	0.1	0.02	—	0.05	0.02
灭螨醌	—	—	—	0.01	—	0.02	—
啶虫脒	—	0.06	0.1	0.05	0.01	0.1	—
乙草胺	—	—	—	0.01	—	—	—
苯并噻二唑	—	—	—	0.02	0.005	—	—
三氟羧草醚	—	0.02	—	—	0.01	—	—
苯草醚	—	—	—	0.02	—	—	—
氟丙菊酯	—	—	—	0.05	—	—	—
甲草胺	—	0.01	0.02	0.01	—	0.001	—
涕灭威	—	0.01	—	0.01	0.01	—	0.01
涕灭氧威	—	0.02	—	—	0.02	—	—
艾氏剂和狄氏剂	—	0.006	—	0.006	0.15	0.1	0.006
脂肪醇聚氧乙烯醚	—	1	—	—	1	—	—
丙烯菊酯	—	0.01	—	—	—	—	—
莠灭净	—	0.05	—	—	0.05	—	—
酰胺磺隆	—	—	0.01	—	—	—	—
酰嘧磺隆	—	—	—	0.01	—	—	—
氯氨吡啶酸	—	0.03	0.03	—	0.01	0.03	0.02
杀草强	—	—	—	—	0.01	—	—
杀菌灵	—	—	—	0.05	—	—	—
沙螨特	—	0.01	—	0.01	—	—	—

（续）

农药名称	中国	日本	美国	欧盟	澳大利亚	加拿大	国际食品法典委员会（CAC）
磺草灵	—	0.1	0.05	0.1	0.1	—	—
莠去津	—	0.02	0.02	—	0.01	—	—
印楝素	—	—	—	0.01	—	—	—
四唑嘧磺隆	—	—	—	—	0.02	—	—
益棉磷	—	—	—	0.01	—	—	—
保棉磷	—	0.05	—	0.01	0.05	—	—
嘧菌酯	—	0.01	0.006	0.01	0.005	0.006	—
燕麦灵	—	0.05	—	0.05	—	—	—
氟丁酰草胺	—	—	—	0.05	—	—	—
苯霜灵	—	0.05	—	0.05	—	—	—
恶虫威	—	0.05	—	—	0.1	—	—
丙硫克百威	—	0.05	—	0.05	—	—	—
解草嗪	—	—	0.01	—	—	—	—
灭草松	—	0.05	0.02	0.02	0.05	—	0.05
高效氟氯氰菊酯	—	—	0.2	—	—	—	—
联苯肼酯	—	0.01	0.02	—	0.01	0.02	0.01
甲羧除草醚	—	—	—	0.05	—	—	—
联苯菊酯	—	0.05	0.1	0.01	0.5	—	0.05
乐杀螨	—	—	—	0.01	—	—	—
生物苄呋菊酯	—	0.05	—	—	—	—	—
联苯三唑醇	—	0.05	—	0.05	0.2	—	0.05
啶酰菌胺	—	0.1	0.1	0.05	0.02	—	—
溴鼠灵	—	0.001	—	—	—	—	—
除草定	—	0.04	—	—	0.04	—	—
溴化物	—	50	—	0.05	—	—	—

（续）

农药名称	中国	日本	美国	欧盟	澳大利亚	加拿大	国际食品法典委员会（CAC）
溴螨酯	—	0.05	—	0.05	—	—	—
溴苯腈	—	0.07	0.1	0.01	0.01	0.1	—
溴克座	—	—	—	0.05	—	—	—
溴替唑仑	—	0.001	—	—	—	—	—
乙醚酚磺酸酯	—	—	—	0.05	—	—	—
噻嗪酮	—	0.01	0.01	0.05	0.01	—	—
氟丙嘧草酯	—	0.01	—	—	0.01	—	—
仲丁灵	—	—	—	0.02	—	—	—
丁氧环酮	—	0.01	—	—	0.01	—	—
丁草敌	—	—	—	0.05	—	—	—
毒杀芬	—	—	—	0.01	—	—	—
斑蝥黄	—	0.1	—	—	—	—	—
敌菌丹	—	—	—	0.01	—	—	—
克菌丹	—	0.01	0.1	—	0.01	—	—
甲萘威	—	0.05	1	0.05	0.05	—	0.05
多菌灵	—	0.3	—	0.05	0.1	—	0.05
双酰草胺	—	0.1	—	0.05	0.1	—	—
克百威	—	0.05	0.1	0.1	0.05	—	0.05
丁硫克百威	—	0.03	—	0.05	0.05	—	0.03
萎锈灵	—	0.01	0.05	0.05	0.025	—	—
唑草酮	—	0.04	0.05	—	0.025	—	—
氯虫苯甲酰胺	—	—	0.01	—	0.01	0.01	—
杀螨醚	—	0.05	—	0.05	—	—	—
氯炔灵	—	0.05	—	0.05	—	—	—
氯丹	—	0.002	—	0.002	0.05	0.1	0.002

（续）

农药名称	中国	日本	美国	欧盟	澳大利亚	加拿大	国际食品法典委员会（CAC）
开蓬	—	—	—	0.02	—	—	—
虫螨腈	—	0.01	—	—	0.01	—	—
杀螨酯	—	0.05	—	0.05	—	—	—
毒虫畏	—	0.2	—	0.01	0.2	—	—
氟啶脲	—	0.1	—	—	0.1	—	—
氟草敏	—	0.01	0.02	0.1	—	—	—
矮壮素	—	0.5	—	0.05	0.5	—	0.5
乙酯杀螨醇	—	0.1	—	0.1	—	—	—
氯苯甲醚	—	0.05	0.05	—	—	—	—
百菌清	—	0.06	0.1	0.01	0.05	—	—
枯草隆	—	0.05	—	0.05	—	—	—
氯苯胺灵	—	—	0.3	0.2	—	—	0.000 5
毒死蜱	—	0.02	0.01	0.01	0.2	—	0.02
甲基毒死蜱	—	0.01	—	0.01	0.05	—	0.01
氯磺隆	—	0.08	0.1	0.01	0.05		—
氯酞酸甲酯	—	0.05	—	0.01	0.05		
氯硫酰胺	—	—	—	0.02	—	—	
烯草酮	—	0.05	0.05	0.05	0.05	—	0.05
炔苯酰草胺	—	0.1	—	0.02	0.1	—	
炔草酸	—	0.05	—	—	0.05	—	
苯哒嗪钾	—	0.02	0.02	—	—	—	
四螨嗪	—	0.01	0.01	0.05	0.05	0.01	0.05
二氯吡啶酸	—	0.09	0.2	0.05	0.05	0.01	
解毒喹	—	0.1	—	—	0.1	—	
噻虫胺	—	0.01	0.01	0.01	0.01	0.01	

（续）

农药名称	中国	日本	美国	欧盟	澳大利亚	加拿大	国际食品法典委员会（CAC）
铜剂农药	—	—	—	2	—	—	—
氯苯氧乙酸	—	20	—	—	—	—	—
环丙酰胺酸	—	0.05	0.04	0.01	0.05	—	—
噻草酮	—	—	—	0.05	—	—	—
氟氯氰菊酯	—	0.04	0.2	0.02	0.1	0.5	0.04
氰氟草酯	—	—	—	—	0.05	—	—
氯氟氰菊酯	—	0.03	—	0.05	0.5	1.0	0.03
三环锡	—	—	—	0.05	—	—	0.05
霜脲氰	—	0.05	—	0.05	—	0.05	—
氯氰菊酯	—	0.05	0.1	0.02	1	—	0.1
环唑醇	—	0.01	0.02	0.05	0.01	—	—
嘧菌环胺	—	0.000 4	—	0.05	0.01	—	0.000 4
灭蝇胺	—	0.01	0.05	0.02	0.01	—	0.01
2，4-滴	—	0.01	0.05	0.01	0.05	—	0.01
丁酰肼	—	—	—	0.05	0.05	—	—
2，4-滴丁酸	—	0.05	—	0.01	0.05	—	—
滴滴涕	0.02	0.02	—	0.04	1.25	1.0	0.02
丁醚脲	—	0.02	—		0.03	—	—
燕麦敌	—	0.2	—	0.2	—	—	—
麦草畏	—	0.2	0.2	0.5	0.1	—	—
敌草腈	—	—	—	0.05	—	—	—
1，1-二氯-2，2-二（4-乙苯）乙烷	—	0.01	—	0.01	—	—	—
2，4-滴丙酸	—	—	—	0.05	0.01	—	—
1，3-二氯丙烯	—	—	—	0.01	—	—	—

（续）

农药名称	中国	日本	美国	欧盟	澳大利亚	加拿大	国际食品法典委员会（CAC）
敌敌畏	—	0.02	0.02	—	0.02	—	0.02
禾草灵	—	0.05	—	0.01	0.05	—	—
氯硝胺	—	—	—	0.01	—	—	—
三氯杀螨醇	—	0.1	0.75	0.02	—	0.1	0.1
乙霉威	—	—	—	0.05	—	—	—
苯醚甲环唑	—	0.01	0.01	0.01	0.01	0.01	0.005
除虫脲	—	0.02	0.05	0.05	0.05	—	0.02
吡氟草胺	—	0.01	—	0.05	0.01	—	—
2，6-二异丙基苯	—	0.7	—	—	—	—	—
二甲草胺	—	—	—	0.02	—	—	—
精二甲吩草胺	—	—	—	—	0.01	—	0.01
噻节因	—	0.01	—	—	0.01	—	0.01
乐果	—	0.05	0.002	—	0.05	—	0.05
烯酰吗啉	—	0.01	—	0.05	0.01	—	0.01
醚菌胺	—	—	—	0.01	—	—	—
烯唑醇	—	—	—	0.05	—	—	—
敌螨普	—	—	—	0.05	—	—	—
地乐酚	—	0.01	—	0.01	—	—	—
呋虫胺	—	0.05	0.05	—	—	—	—
特乐酚	—	0.05	—	0.05	—	—	—
敌恶磷	—	—	—	0.05	—	—	—
二苯胺	—	0.000 4	0.01	—	0.01	—	0.000 4
丙蝇驱	—	0.004	—	—	—	—	—
敌草快	—	0.01	0.02	0.05	0.01	0.05	0.01
乙拌磷	—	0.01	—	0.02	0.01	—	0.01

（续）

农药名称	中国	日本	美国	欧盟	澳大利亚	加拿大	国际食品法典委员会（CAC）
二氰蒽醌	—	—	—	0.01	—	—	—
二硫代氨基甲酸盐	—	0.05	—	0.05	0.2	—	0.05
敌草隆	—	0.1	—	0.05	0.1	—	—
二硝酚	—	—	—	0.05	—	—	—
多果定	—	—	—	0.2	—	—	—
茅草枯	—	0.1	—	—	0.1	—	—
依马菌素	—	—	0.003	—	0.000 5	—	—
因灭汀	—	0.000 5	—	—	—	—	—
硫丹	—	0.004	—	0.05	0.02	0.1	0.01
异狄氏剂	0.005	—	—	—	—	—	—
氟环唑	—	0.01	—	0.002	0.005	—	—
茵草敌	—	0.1	—	0.02	0.1	—	—
乙丁烯氟灵	—	—	—	0.01	—	—	—
氨苯磺隆	—	0.02	—	—	0.02	—	—
乙烯利	—	0.05	0.01	0.05	0.1	—	0.05
乙硫磷	—	0.5	—	—	0.5	—	—
乙嘧酚	—	—	—	0.05	—	—	—
乙氧呋草黄	—	0.2	—	0.1	0.2	—	—
灭线磷	—	0.01	—	0.01	—	—	0.01
乙氧基喹啉	—	—	—	0.05	—	—	—
乙氧嘧磺隆	—	0.01	—	—	0.01	—	—
二氯化乙烯	—	0.1	—	0.1	—	—	—
环氧乙烷	—	—	—	—	0.02	—	—
N-（2-乙基己基）-8，9，10-三硝基-5-烯-2，3-二甲酰亚胺	—	0.3	—	—	—	—	—

（续）

农药名称	中国	日本	美国	欧盟	澳大利亚	加拿大	国际食品法典委员会（CAC）
醚菊酯	—	—	—	0.05	—	—	—
乙螨唑	—	0.01	—	—	0.01	—	—
土菌灵	—	0.05	—	0.05	—	—	—
Etyprostontromethamine	—	0.001	—	—	—	—	—
恶唑菌酮	—	0.03	—	0.05	—	—	0.03
伐灭磷	—	0.02	—	—	—	—	—
咪唑菌酮	—	0.02	0.02	—	—	—	—
苯线磷	—	0.005	—	0.005	0.005	—	0.005
氯苯嘧啶醇	—	0.01	—	0.02	—	—	—
喹螨醚	—	—	—	0.01	—	—	—
腈苯唑	—	0.05	—	0.05	0.01	—	0.05
苯丁锡	—	0.05	—	0.05	—	—	0.05
环酰菌胺	—	0.01	—	0.05	0.01	—	0.01
杀螟硫磷	—	0.002	—	—	0.05	—	—
仲丁威	—	0.02	—	—	—	—	—
恶唑禾草灵	—	0.02	0.02	—	0.02	—	—
精恶唑禾草灵	—	—	—	0.05	—	—	—
苯氧威	—	—	—	0.05	0.02	—	—
甲氰菊酯	—	0.1	0.08	—	—	—	0.1
苯锈啶	—	—	—	0.01	—	—	—
丁苯吗啉	—	0.01	—	0.01	—	—	0.01
唑螨酯	—	0.005	0.015	0.01	—	—	0.005
倍硫磷	0.01	0.2	—	0.01	0.2	—	—
三苯锡	—	0.05	—	0.05	—	—	—
三苯基氢氧化锡	—	—	0.06	0.05	—	—	—

（续）

农药名称	中国	日本	美国	欧盟	澳大利亚	加拿大	国际食品法典委员会（CAC）
氟虫腈	—	0.02	—	0.005	0.01	—	0.02
麦草伏-甲酯	—	0.01	—	—	0.01	—	—
氟啶虫酰胺	—	0.02	—	0.02	—	—	—
双氟磺草胺	—	—	—	—	0.01	—	—
氯吡脲	—	—	—	0.05	—	—	—
吡氟禾草灵	—	0.05	0.05	0.1	0.1	0.01	—
氟啶胺	—	—	—	0.05	—	—	—
氟虫酰胺	—	—	0.04	0.01	—	—	—
氟酮磺隆	—	—	0.005	—	—	—	—
氟螨脲	—	—	—	0.05	—	—	—
氟氯戊菊酯	—	0.07	—	0.05	0.05	0.1	—
咯菌腈	—	0.01	—	0.05	0.01	0.01	0.01
氟噻草胺	—	—	—	—	—	0.01	—
氟虫脲	—	—	0.2	0.05	—	—	—
氟芬嗪	—	—	—	0.05	—	—	—
唑嘧磺草胺	—	0.1	—	—	0.1	—	—
氟烯草酸	—	0.01	—	—	0.01	—	—
丙炔氟草胺	—	0.01	—	—	0.01	—	—
伏草隆	—	—	0.02	—	—	—	—
氟离子	—	—	—	0.2	—	—	—
氟嘧菌酯	—	—	0.02	0.2	—	—	—
氟喹唑	—	0.1	—	0.03	0.02	—	—
氟啶草酮	—	0.05	0.05	—	—	—	—
氟咯草酮	—	—	—	0.05	—	—	—
氯氟吡氧乙酸	—	0.2	0.3	0.05	0.1	—	—

（续）

农药名称	中国	日本	美国	欧盟	澳大利亚	加拿大	国际食品法典委员会（CAC）
氟硅唑	—	0.01	—	0.02	—	0.01	0.05
氟酰胺	—	0.05	0.05	0.05	0.05	—	0.05
粉唑醇	—	0.05	—	0.01	0.05	—	—
伐虫脒	—	—	—	0.01	—	—	—
乙膦酸	—	—	—	0.1	—	—	—
麦穗宁	—	—	—	0.05	—	—	—
呋线威	—	0.05	—	0.05	—	—	—
糠醛	—	—	—	1	—	—	—
赤霉酸	—	—	—	0.1	—	—	—
草铵膦	—	0.02	0.15	0.1	0.05	0.04	0.02
咪唑双酰胺	—	0.03	—	—	—	—	—
草甘膦	—	0.1	—	—	—	0.1	—
双胍辛胺	—	—	—	0.1	—	—	—
氯吡嘧磺隆	—	0.01	—	—	—	0.01	—
吡氟甲禾灵	—	0.02	—	0.01	0.02	—	—
六六六	0.02	—	—	—	0.1	0.1	—
七氯	—	0.006	—	0.004	0.15	0.1	0.006
六氯苯	—	0.01	—	0.01	0.5	—	—
α-六氯环己烷	—	—	—	0.004	—	—	—
β-六氯环己烷	—	—	—	0.003	—	—	—
环嗪酮	—	0.08	0.2	—	0.05	—	—
噻螨酮	—	0.02	0.02	0.02	—	—	—
磷化氢	—	0.01	—	—	—	—	—
恶霉灵	—	—	—	0.05	—	—	—
抑霉唑	—	0.02	0.02	0.02	—	—	—

（续）

农药名称	中国	日本	美国	欧盟	澳大利亚	加拿大	国际食品法典委员会（CAC）
咪唑甲烟	—	0.03	—	—	0.05	0.01	—
甲基咪草	—	0.06	0.1	—	0.01	—	—
咪唑烟酸	—	0.01	0.01	—	0.01	—	—
咪唑喹啉酸	—	—	—	0.05	—	—	—
咪唑乙烟酸	—	0.1	—	—	0.1	—	—
吡虫啉	—	0.02	0.1	0.05	0.05	—	0.02
茚虫威	—	0.1	0.15	0.02	0.1	—	0.1
甲基碘磺隆钠盐	—	0.01	—	—	0.01	—	—
碘苯腈	—	—	—	0.01	—	—	—
异菌脲	—	0.2	0.5	0.05	0.1	—	—
异氰尿酸酯	—	0.8	—	—	—	—	—
异柳磷	—	0.01	—	—	—	0.01	—
稻瘟灵	—	0.02	—	—	—	—	—
异丙隆	—	—	—	0.05	—	—	—
异噁草胺	—	—	—	0.01	0.01	—	—
异噁唑草酮	—	0.03	0.02	—	0.05	0.02	—
乳氟禾草灵	—	—	—	0.01	—	—	—
高效氯氟氰菊酯	—	—	—	0.4	0.05	—	1
环草定	—	—	—	0.1	—	—	—
林丹	0.01	0.01	—	0.001	0.2	0.2	0.1
利谷隆	—	0.05	0.05	—	0.05	—	—
八氟脲	—	0.2	—	0.02	—	—	—
马拉硫磷	0.1	0.5	—	0.02	1	—	—
抑芽丹	—	—	—	0.2	—	—	—
双炔酰菌胺	—	—	—	0.02	—	—	—

（续）

农药名称	中国	日本	美国	欧盟	澳大利亚	加拿大	国际食品法典委员会（CAC）
2-甲-4-氯	—	0.08	0.1	0.05	0.05	—	—
2-甲-4-氯丁酸	—	0.05	—	—	0.05	—	—
2-甲-4-氯丙酸	—	0.05	—	—	0.05	—	—
吡唑解草酯	—	0.01	—	—	0.01	—	—
甲哌鎓	—	0.05	—	0.1	0.05	—	—
甲基丁诺卡普	—	—	—	0.05	—	—	—
汞复合物	—	—	—	0.01	—	—	—
甲基二磺隆	—	0.01	—	—	0.01	—	—
硝草酮	—	0.01	—	—	—	0.01	—
氰氟虫腙	—	—	—	0.02	—	—	—
甲霜灵	—	0.03	0.02	0.05	0.01	0.01	—
四聚乙醛	—	—	—	0.05	—	—	—
苯嗪草酮	—	—	—	0.05	—	—	—
吡唑草胺	—	—	—	0.05	—	—	—
叶菌唑	—	—	—	0.01	—	—	—
甲基苯噻隆	—	—	—	0.05	—	—	—
虫螨畏	—	0.01	—	0.01	—	—	—
甲胺磷	0.2	0.02	—	0.01	0.01	—	0.02
杀扑磷	—	0.001	—	0.02	0.5	—	0.001
甲硫威	—	—	—	0.05	—	—	—
灭多威	—	—	—	0.02	0.05	—	0.02
烯虫酯	—	0.05	—	0.05	0.1	—	0.1
甲氧滴滴涕	—	0.01	—	0.01	—	—	—
甲氧虫酰肼	—	0.01	0.1	0.01	0.01	—	0.01
异丙甲草胺	—	0.03	0.02	—	0.05	—	—

（续）

农药名称	中国	日本	美国	欧盟	澳大利亚	加拿大	国际食品法典委员会（CAC）
磺草哇胺	—	0.01	—	0.01	0.01	—	—
苯菌酮	—	—	—	0.05	—	—	—
嗪草酮	—	0.05	0.05	0.1	0.05	—	—
甲磺隆	—	0.07	0.05	—	0.1	0.05	—
速灭磷	—	0.05	—	—	0.05	—	—
〔单双（三单胺二氯甲烷）〕烷基甲苯	—	1	—	—	—	—	—
绿谷隆	—	0.05	—	0.05	—	—	—
灭草隆	—	—	—	0.05	—	—	—
腈菌唑	—	0.01	0.2	0.01	—	0.05	0.01
1-萘乙酰胺	—	—	—	0.05	—	—	—
萘乙酸	—	—	—	0.05	—	—	—
敌草胺	—	—	—	0.01	—	—	—
烟嘧磺隆	—	—	—	0.05	—	—	—
除草醚	—	—	—	0.01	—	—	—
硝碘腈酚	—	—	—	—	0.5	—	—
氟草敏	—	0.1	0.1	—	—	—	—
双苯氟脲	—	0.4	1	0.01	—	0.5	0.4
氧乐果	—	0.05	—	—	0.05	—	—
嘧苯胺磺隆	—	—	—	0.01	—	—	—
解草腈	—	0.05	—	—	0.05	—	—
噁草酮	—	0.1	—	0.05	—	—	—
噁霜草	—	—	—	0.01	—	—	—
杀线威	—	0.02	—	—	0.02	—	0.02
氧化萎锈灵	—	—	—	0.05	—	—	—

（续）

农药名称	中国	日本	美国	欧盟	澳大利亚	加拿大	国际食品法典委员会（CAC）
亚砜磷	—	0.01	0.01	0.02	0.01	—	0.01
乙氧氟草醚	—	0.03	0.01	0.05	0.01	—	—
多效唑	—	—	—	0.02		—	—
百草枯	—	0.01	0.01	—	0.01	—	0.005
对硫磷	—	0.05	—	0.05		—	—
甲基对硫磷	—	0.05	—	0.02	0.05	—	—
戊菌唑	—	0.01	—	0.01	—	—	0.01
戊菌隆	—	—	—	0.05	—	—	—
二甲戊灵	—	0.01	—	0.05	0.01	—	—
氯菊酯	—	0.1	0.88	0.05	0.05	0.2	0.1
甜菜宁	—	0.1	—	0.05	0.1	—	—
甲拌磷	—	0.05	—	0.02	0.05	—	0.01
伏杀硫磷	—	—	—	0.01	—	—	—
亚胺硫磷	—	0.2	—	0.05	0.2	—	—
磷化氢和磷化物	—	—	—	0.01	—	—	—
氨氯吡啶酸	—	0.05	0.05	0.05	0.05	0.05	—
氟吡草胺	—	0.01	—	—	0.01	—	—
内啶氧菌酯	—	—	—	0.02	—	—	—
鼠完	—	0.001	—	—	—	—	—
唑啉草酯	—	0.02	0.02	—	—	0.02	—
增效醚	—	0.2	—	—	0.05	—	0.2
抗蚜威	—	0.05	—	0.05	0.1	—	0.01
甲基嘧啶磷	—	0.01	—	0.05	0.05	—	0.01
氟嘧磺隆	—	0.02	0.02	—	—	0.02	—
咪鲜胺	—	0.05	—	0.02	—	—	0.05

（续）

农药名称	中国	日本	美国	欧盟	澳大利亚	加拿大	国际食品法典委员会（CAC）
腐霉利	—	0.04	—	0.05	0.02	0.02	
丙溴磷	—	0.01	0.01	0.05	0.01	0.01	0.01
环苯草酮	—	—	—	—	0.01	0.01	—
调环酸钙	—	0.01	—	0.01	0.01	0.01	—
扑草净	—	0.05	—	—	0.05	—	—
毒草胺	—	0.02	0.02	0.05	0.02	—	—
霜毒威	—	—	—	0.1	—	0.05	0.01
敌稗	—	0.03	0.05	—	0.01	—	—
噁草酸	—	0.01	—	0.05	0.01	—	—
快螨特	—	0.1	0.08	0.1	0.1	—	0.1
胺丙畏	—	0.02	—	—	—	—	—
苯胺灵	—	—	—	0.05	—	—	—
丙环唑	—	0.01	0.05	0.01	0.01	—	0.01
异丙草胺	—	—	—	0.01	—	—	—
残杀威	—	0.05	—	0.05	—	—	—
丙苯磺隆	—	0.004	0.03	—	—	—	—
5-（丙磺酰基）-1-H-苯并咪唑-2-胺	—	0.1					
炔苯酰草胺	—	0.01	0.02	0.01	0.01	—	—
苄草丹	—	—	—	0.05	0.02	—	—
氟磺隆	—	0.05	—	—	—	0.01	—
丙硫菌唑	—	—	0.02	0.01	0.004	0.02	—
吡蚜酮	—	0.01	—	0.01	0.01	—	—
唑菌胺酯	—	0.1	0.1	0.01	0.01	0.1	0.03
吡草醚	—	—	—	—	0.02	—	—

（续）

农药名称	中国	日本	美国	欧盟	澳大利亚	加拿大	国际食品法典委员会（CAC）
磺酰草吡唑	—	—	0.01	0.01	0.01	0.01	—
吡菌磷	—	0.02	—	0.02	—	—	—
除虫菊素	—	0.5	—	0.05	—	—	—
哒螨灵	—	0.01	0.01	0.02	—	0.01	—
哒草特	—	0.2	—	0.05	0.2	—	—
嘧霉胺	—	0.02	0.05	—	0.01	0.02	0.01
吡丙醚	—	—	—	0.05	0.02	—	—
嘧草硫醚	—	0.02	—	—	0.02	—	—
焦桐酚	—	—	—	0.01	0.01	—	—
二氯喹啉酸	—	0.1	0.05	—	—	0.05	—
氯甲喹啉酸	—	—	—	0.05	—	—	—
喹氧灵	—	0.01	—	0.05	0.01	—	0.01
五氯硝基苯	—	0.01	—	0.01	—	—	—
精喹禾灵	—	0.04	0.01	0.05	0.1	0.01	—
喹禾康酯	—	—	—	—	0.2	—	—
苄呋菊酯	—	0.1	—	0.1	—	—	—
鱼藤酮	—	—	—	0.01	—	—	—
烯禾啶	—	0.3	0.5	—	0.05	—	—
西玛津	—	0.02	0.03	0.05	0.01	—	—
精异丙甲草胺	—	—	0.02	—	—	0.02	—
嘧菌环胺	—	—	0.3	—	—	0.3	—
多杀菌素	—	1	7	0.5	0.1	0.5	1
季酮螨酯	—	0.01	0.01	0.004	—	0.01	—
螺螨酯	—	0.01	0.01	0.01	—	0.005	—
螺虫乙酯	—	—	0.01	—	—	0.01	—

（续）

农药名称	中国	日本	美国	欧盟	澳大利亚	加拿大	国际食品法典委员会（CAC）
甚孢菌素	—	0.04	—	0.02	0.05	—	—
磺草酮	—	—	—	0.05	—	—	—
乙黄隆	—	0.006	0.02	0.05	0.005	—	—
硫酰氟	—	—	2	—	—	—	—
硫黄	—	—	—	0.5	—	—	—
氟胺氰菊酯	—	—	—	0.05	—	—	—
戊唑醇	—	0.01	0.1	0.05	0.05	0.1	0.01
虫酰肼	—	0.01	0.04	0.05	0.01	—	0.01
吡螨胺	—	—	—	0.05	—	—	—
丁噻隆	—	0.3	0.8	—	0.2	—	—
四氟硝基苯	—	0.05	—	0.05	—	—	—
氟苯脲	—	—	—	0.05	—	—	—
七氟菊酯	—	0.001	—	0.05	—	0.001	—
得杀草	—	0.06	0.1	0.02	0.02	0.03	—
特丁硫磷	—	0.01	—	0.01	0.01	—	0.01
特丁津	—	—	—	0.05	—	—	—
特丁净	—	0.1	—	—	0.1	—	—
杀虫畏	—	0.3	—	—	0.05	—	—
四氟醚唑	—	0.000 3	0.01	0.05	0.01	—	—
三氯杀螨砜	—	—	—	0.05	—	—	—
噻虫啉	—	—	—	0.03	0.01	0.03	0.05
噻虫嗪	—	0.01	0.02	0.02	0.005	0.01	
噻苯隆	—	0.03	0.05	—	0.01	—	—
噻吩磺隆	—	0.01	—	—	0.01	—	—
禾草丹	—	0.05	0.05	0.01	—	—	—

（续）

农药名称	中国	日本	美国	欧盟	澳大利亚	加拿大	国际食品法典委员会（CAC）
硫双威和灭多威	—	0.02	—	0.02	0.05	—	—
甲基乙拌磷	—	0.05	—	—	0.05	—	—
甲基硫菌灵	—	0.3	0.15	0.05	—	—	—
甲基立枯磷	—	—	—	0.05	—	—	—
甲苯氟磺胺	—	—	—	0.02	—	—	—
苯吡唑草酮	—	—	—	0.01	—	0.01	—
三唑酮	—	0.05	—	0.1	0.1	—	0.01
三唑醇	—	0.01	0.01	—	0.01	—	0.01
野麦畏	—	0.1	—	0.05	0.1	—	—
醚苯磺隆	—	0.02	0.02	—	0.01	—	—
三唑磷	—	0.01	—	0.01	—	—	0.01
苯磺隆	—	0.01	—	—	0.01	0.01	—
脱叶磷	—	0.002	0.01	—	—	—	—
三氯吡氧乙酸酯	—	0.01	0.01	0.05	0.1	0.01	
三环唑	—	—	—	0.05	—	—	—
十三吗啉	—	0.05	—	0.05	—	—	—
肟菌酯	—	0.02	0.02	—	0.02	0.02	0.02
三氟啶磺隆钠盐	—	0.01	—	—	0.01	—	—
氟菌唑	—	0.05	0.05	0.05	—	—	—
杀铃脲	—	0.05	—	0.01	0.05	—	—
氟乐灵	—	0.05	—	0.01	0.05	—	—
嗪氨灵	—	0.05	—	0.05	—	—	—
三甲基碘化硫	—	—	—	0.1	—	0.5	—
抗倒酯	—	—	—	0.05	0.005	—	—
灭菌唑	—	0.01	—	—	0.01	—	—

（续）

农药名称	中国	日本	美国	欧盟	澳大利亚	加拿大	国际食品法典委员会（CAC）
三氟甲磺隆	—	—	—	0.01	—	—	—
乙烯菌核利	—	0.05	—	0.05	—	—	0.05
灭鼠灵	—	0.001	—	—	—	—	—
赛拉嗪	—	0.02	—	—	—	—	—

附录五 中国、欧盟、CAC 牛奶中重金属、霉菌毒素等最大残留限量（MRL）

重金属、霉菌毒素	中国	欧盟	国际食品法典委员会（CAC）
砷（无机砷计，mg/kg）	0.05	—	—
铬（mg/kg）	0.3	—	—
铅（mg/kg）	0.05	0.02	0.02
汞（总汞计，mg/kg）	0.01	—	—
锡（mg/kg）	—	50	—
黄曲霉毒素 M_1（$\mu g/kg$）	0.5	0.02	0.5

数据来源：《食品安全国家标准 生乳》（GB 19301—2010），《食品中污染物限量》（GB 2762—2017），《无公害食品生鲜牛乳》（NY 5045—2008）；欧盟食品中污染物限量 COMMISSION REGULATION（EC）No 1881/2006，COMMISSION REGULATION（EC）No 629/2008；CAC 食品中污染物限量 CODEX STAN 193 - 1995 CODEV GENERAL STANDARD FOR CONTAMINANTS AND TOXINS IN FOODS。

附录六 乳制品和婴幼儿配方乳粉生产企业计算机系统应用有关要求

乳制品和婴幼儿配方食品生产企业的计算机系统应能满足《食品安全法》及其相关法律法规与标准对食品安全的监管要求；应形成从原料进厂到产品出厂在内各环节有助于食品安全问题溯源、追踪、定位的完整信息链；应能按照监管部门的要求提交或远程报送相关数据。该计算机系统应符合（但不限于）以下要求：

1. 系统应包括原料采购与验收、原料贮存与使用、生产加工关键控制环节监控、产品出厂检验、产品贮存与运输、销售等各环节与食品安全相关的数据采集和记录保管功能。

2. 系统应能对本企业相关原料、加工工艺以及产品的食品安全风险进行评估和预警。

3. 系统和与之配套的数据库应建立并使用完善的权限管理机制，保证工作人员账号/密码的强制使用，在安全架构上确保系统及数据库不存在允许非授权访问的漏洞。

4. 在权限管理机制的基础上，系统应实现完善的安全策略，针对不同工作人员设定相应策略组，以确定特定角色用户仅拥有相应权限。系统所接触和产生的所有数据应保存在对应的数据库中，不应以文件形式存储，确定所有的数据访问都要受系统和数据库的权限管理控制。

5. 对机密信息采用特殊安全策略，确保仅信息拥有者有权进行读、写及删除操作。如机密信息确需脱离系统和数据库的安全控制范围进行存储和传输，应确保：

（1）对机密信息进行加密存储，防止无权限者读取信息。

（2）在机密信息传输前产生校验码，校验码与信息（加密后）分别传输，在接收端利用校验码确认信息未被篡改。

6. 如果系统需要采集自动化检测仪器产生的数据，系统应提供安全、可靠的数据接口，确保接口部分的稳定可靠性，保证仪器产生的数据能够及时准确地被系统所采集。

7. 应实现完善详尽的系统和数据库日志管理功能，包括：

（1）系统日志记录系统和数据库每一次用户登录情况（用户、时间、登录计算机地址等）。

（2）操作日志记录数据的每一次修改情况（包括修改用户、修改时间、修改内容、原内容等）。

（3）系统日志和操作日志应有保存策略，在设定的时限内任何用户（不包括系统管理员）不能够删除或修改，以确保一定时效的溯源能力。

8. 详尽制定系统的使用和管理制度，要求至少包含以下内容：

（1）对工作流程中的原始数据、中间数据、产生数据以及处理流程的实时记录制度，确保整个工作过程能够再现。

（2）详尽的备份管理制度，确保故障灾难发生后能够尽快完整恢复整个系统以及相应数据。

（3）机房应配备智能 UPS 不间断电源并与工作系统连接，确保外电断电情况下 UPS 接替供电并通知工作系统做数据保存和日志操作（UPS 应能提供保证系统紧急存盘操作时间的电力）。

（4）健全的数据存取管理制度，保密数据严禁存放在共享设备上；部门内部的数据共享也应采用权限管理制度，实现授权访问。

（5）配套的系统维护制度，包括定期的存储整理和系统检测，确保系统的长期稳定运行。

（6）安全管理制度，需要定期更换系统各部分用户的密码，限定部分用户的登录地点，及时删除不再需要的账户。

（7）规定外网登录的用户不应开启和使用外部计算机上操作系统提供的用户/密码记忆功能，防止信息被盗用。

9. 当关键控制点实时监测数据与设定的标准值不符时，系统能记录发生偏差的日期、批次以及纠正偏差的具体方法、操作者姓名等。

10. 系统内的数据和有关记录应能够被复制，以供监管部门进行检查分析。

附录七　婴幼儿配方乳粉清洁作业区沙门氏菌、阪崎肠杆菌等肠杆菌的环境监控指南

1. 监控肠杆菌

即便卫生条件良好的生产环境，仍可能存在少量肠杆菌（Entero bacteriaece，EB），包括阪崎肠杆菌属（Cronobacter），使杀菌后的产品有可能被环境肠杆菌二次污染。因此，持续监控生产环境

中的肠杆菌十分必要，对清洁作业区（干燥区域）卫生状况实施评估。实践表明，降低环境中肠杆菌总量，可减少终产品的肠杆菌（包括阪崎肠杆菌和沙门氏菌）的数量。制定监控计划时，应考虑以下几种因素：

（1）虽然干燥环境中极少发现沙门氏菌，但仍应指导有关人员在检出沙门氏菌的情况下，如何防止其进一步扩散。

（2）阪崎肠杆菌在干燥环境中相对容易发现。如果采用适当的取样和测试方法，阪崎肠杆菌更易被检出。应制定监控计划来评估阪崎肠杆菌数量是否增长，并采取有效措施防止其增长。

（3）肠杆菌散布广泛，是干燥环境的常见菌群，且容易检测。肠杆菌可作为生产过程及环境卫生状况的指标菌。

2. 在设计取样方案时应考虑的因素

（1）产品种类和工艺过程应根据产品特点、消费者年龄和健康状况来确定取样方案的需求和范围。本标准中各类产品都将沙门氏菌规定为致病菌，部分产品将阪崎肠杆菌规定为致病菌。监控的重点应放在微生物容易藏匿滋生的区域，如干燥环境的清洁作业区。应特别关注该区域与相邻较低卫生级别区域的交界处及靠近生产线和设备且容易发生污染的地方，如封闭设备上用于偶尔检查的开口。应优先监控已知或可能存在污染的区域。

（2）样本的种类监控计划，应包括如下两种样本。

从不接触食品的表面采样：如设备外部、生产线周围的地面、管道和平台。在这些情况下，污染风险程度和污染物含量将取决于生产线和设备的位置和设计。

从直接接触食品的表面采样：如从喷粉塔到包装前之间可能直接污染产品的设备，如流化床筛尾的结团粉因吸收水分，微生物容易滋生。如果食品接触表面存在指标菌、阪崎肠杆菌或沙门氏菌，表明产品受污染的风险很高。

（3）目标微生物　沙门氏菌和阪崎肠杆菌是主要的目标微生物，但可将肠杆菌作为卫生指标。肠杆菌的含量显示了沙门氏菌存在的可能性，以及沙门氏菌和阪崎肠杆菌生长的条件。

（4）取样点和样本数量应随着工艺和生产线的复杂程度而变化。取样点应为微生物可能藏匿或进入而导致污染的地方。可以根据有关文献资料确定取样点，也可以根据经验和专业知识或者工厂污染调查中收集的历史数据确定取样点。应定期评估取样点，并根据特殊情况，如重大维护、施工活动或者卫生状况变差时，在监控计划中增加必要的取样点。取样计划应全面，且具有代表性，应考虑不同类型生产班次以及这些班次内的不同时间段进行科学合理取样。为验证清洁措施的效果，应在开机生产前取样。

（5）取样频率　应根据前面（2）的因素，决定取样的频率，按照在监控计划中现有各区域微生物存在的数据来确定。如果没有此类数据，应收集充分的资料，以确定合理的取样频率，包括长期收集沙门氏菌或阪崎肠杆菌的发生情况。应根据检测结果和污染风险严重程度来调整环境监控计划实施的频率。当终产品中检出致病菌或指标菌数量增加时，应加强环境取样和调查取样，以确定污染源。当污染风险增加时（比如进行维护、施工或湿法清洁后），也应适当增加取样频率。

（6）取样工具和方法　应根据表面类型和取样地点来选择取样工具和方法，如刮取表面残留物或吸尘器里的粉尘直接作为样本。对于较大的表面，采用海绵（或棉签）进行擦拭取样。

（7）分析方法　应能够有效检出目标微生物，具有可接受的灵敏度，并有相关记录。在确保灵敏度的前提下，可以将多个样品混在一起检测。如果检出阳性结果，应进一步确定阳性样本的位置。如果需要，可以用基因技术分析阪崎肠杆菌来源以及粉状婴幼儿配方食品污染路径的有关信息。

（8）数据管理　监控计划应包括数据记录和评估系统，如趋势分析。一定要对数据进行持续的评估，以便对监控计划进行适当修改和调整。对肠杆菌和阪崎肠杆菌数据实施有效管理，有可能发现被忽视的轻度或间断性污染。

（9）阳性结果纠偏措施　监控计划的目的是发现环境中是否存在目标微生物。在制定监控计划前，应制定接受标准和应对措施。

监控计划应规定具体的行动措施并阐明相应原因。相关措施包括不采取行动（没有污染风险）、加强清洁、污染源追踪（增加环境测试）、评估卫生措施、扣留和测试产品。

生产企业应制定检出肠杆菌和阪崎肠杆菌后的行动措施，以便在出现超标时准确应对。对卫生程序和控制措施应进行评估。当检出沙门氏菌时应立即采取纠偏行动，并且评估阪崎肠杆菌趋势和肠杆菌数量的变化，具体采取哪种行动取决于产品被沙门氏菌和阪崎肠杆菌污染的可能性。

附录八　奶业质量安全主要技术规范与标准

奶畜养殖与生乳贮运标准

《饲料卫生标准》（GB 13078）

《奶牛场卫生规范》（GB 16568）

《奶牛饲养标准》（NY/T 34）

《后备奶牛饲养技术规范》（GB/T 37116）

《高产奶牛饲养管理规范》（NY/T 14）

《奶牛全混合日粮生产技术规程》（NY/T 3049）

《标准化奶牛场建设规范》（NY/T 1569）

《标准化养殖场　奶牛》（NY/T 2662）

《中国荷斯坦牛》（GB/T 3157）

《奶山羊饲养管理技术规范》（NY/T 2835）

《生乳贮运技术规范》（NY/T 2362）

乳与乳制品检测标准

《食品安全国家标准　生乳》（GB 19301）

《食品安全国家标准　生乳相对密度的测定》（GB 5413.33）

《食品安全国家标准　乳和乳制品杂质度的测定》（GB 5413.30）

《食品安全国家标准　乳和乳制品酸度的测定》（GB 5413.34）

《食品安全国家标准　婴幼儿食品和乳品中脂肪的测定》（GB 5413.3）

《食品安全国家标准　婴幼儿食品和乳品中溶解性的测定》

（GB 5413.29）

　　《食品安全国家标准　婴幼儿食品和乳品中脂肪酸的测定》
（GB 5413.27）

　　《食品安全国家标准　婴幼儿食品和乳品中乳糖、蔗糖的测定》
（GB 5413.5）

　　《食品安全国家标准　婴幼儿食品和乳品中不溶性膳食纤维的
测定》（GB 5413.6）

　　《食品安全国家标准　婴幼儿食品和乳品中维生素 A、D、E
的测定》（GB 5413.9）

　　《食品安全国家标准　婴幼儿食品和乳品中维生素 K_1 的测定》
（GB 5413.10）

　　《食品安全国家标准　婴幼儿食品和乳品中维生素 B_1 的测定》
（GB 5413.11）

　　《食品安全国家标准　婴幼儿食品和乳品中维生素 B_2 的测定》
（GB 5413.12）

　　《食品安全国家标准　婴幼儿食品和乳品中维生素 B_6 的测定》
（GB 5413.13）

　　《食品安全国家标准　婴幼儿食品和乳品中维生素 B_{12} 的测定》
（GB 5413.14）

　　《食品安全国家标准　婴幼儿食品和乳品中烟酸和烟酰胺的测
定》（GB 5413.15）

　　《食品安全国家标准　婴幼儿食品和乳品中叶酸（叶酸盐活性）
的测定》（GB 5413.16）

　　《食品安全国家标准　婴幼儿食品和乳品中泛酸的测定》（GB
5413.17）

　　《食品安全国家标准　婴幼儿食品和乳品中维生素 C 的测定》
（GB 5413.18）

　　《食品安全国家标准　婴幼儿食品和乳品中游离生物素的测定》
（GB 5413.19）

　　《食品安全国家标准　婴幼儿食品和乳品中钙、铁、锌、钠、

钾、镁、铜和锰的测定》（GB 5413.21）

《食品安全国家标准　婴幼儿食品和乳品中磷的测定》（GB 5413.22）

《食品安全国家标准　婴幼儿食品和乳品中碘的测定》（GB 5413.23）

《食品安全国家标准　婴幼儿食品和乳品中氯的测定》（GB 5413.24）

《食品安全国家标准　婴幼儿食品和乳品中肌醇的测定》（GB 5413.25）

《食品安全国家标准　婴幼儿食品和乳品中牛磺酸的测定》（GB5413.26）

《食品安全国家标准　婴幼儿食品和乳品中 β-胡萝卜素的测定》（GB 5413.35）

《食品安全国家标准　婴幼儿食品和乳品中反式脂肪酸的测定》（GB 5413.36）

《婴幼儿用奶瓶和奶嘴》（GB 38995）

《食品安全国家标准　乳和乳制品中黄曲霉毒素 M_1 的测定》（GB 5413.37）

《食品安全国家标准　生乳冰点的测定》（GB 5413.38）

《食品安全国家标准　食品中水分的测定》（GB 5009.3）

《食品安全国家标准　食品中灰分的测定》（GB 5009.4）

《食品安全国家标准　食品中蛋白质的测定》（GB 5009.5）

《食品安全国家标准　食品中铅的测定》（GB 5009.12）

《食品安全国家标准　食品中黄曲霉毒素 M_1 和 B_1 的测定》（GB 5009.24）

《食品安全国家标准　食品中亚硝酸盐和硝酸盐的测定》（GB 5009.33）

《食品安全国家标准　食品中硒的测定》（GB 5009.93）

《食品安全国家标准　乳和乳制品中苯甲酸和山梨酸的测定》（GB 21703）

《食品安全国家标准　干酪及加工干酪制品中添加的柠檬酸盐的测定》（GB 22031）

《食品安全国家标准　乳和乳制品中非脂乳固体的测定》（GB 5413.39）

《食品安全国家标准　食品微生物学检验　总则》（GB 4789.1）

《食品安全国家标准　食品微生物学检验　菌落总数测定》（GB 4789.2）

《食品安全国家标准　食品微生物学检验　大肠菌群计数》（GB 4789.3）

《食品安全国家标准　食品微生物学检验　沙门氏菌检验》（GB 4789.4）

《食品安全国家标准　食品微生物学检验　金黄色葡萄球菌检验》（GB 4789.10）

《食品安全国家标准　食品微生物学检验　霉菌和酵母计数》（GB 4789.15）

《食品安全国家标准　食品微生物学检验　乳与乳制品检验》（GB 4789.18）

《食品安全国家标准　食品微生物学检验　单核细胞增生李斯特氏菌检验》（GB 4789.30）

《食品安全国家标准　食品微生物学检验　乳酸菌检验》（GB 4789.35）

《食品安全国家标准　食品微生物学检验　阪崎肠杆菌检验》（GB 4789.40）

《食品安全国家标准　食品中致病菌限量》（GB 29921）

《生乳安全指标监测前样品处理规范》（NY/T 3051）

《生乳中体细胞测定方法》（NY/T 800）

《牛乳脂肪、蛋白质、乳糖、总固体的快速测定　红外光谱法》（NY/T 2659）

《生乳中 L-羟脯氨酸的测定》（NY/T 3130）

《生鲜牛乳及其制品中碱性磷酸酶活度的测定方法》（NY/T 801）

《生鲜乳中黄曲霉毒素 M_1 筛查技术规程》（NY/T 2547）

《生乳中黄曲霉毒素 M_1 控制技术规范》（NY/T 3314）

《生乳中 β-内酰胺酶的测定》（NY/T 3313）

《牛乳中孕酮含量检测　液相色谱-质谱法》（NY/T 2069）

《牛初乳及其制品中免疫球蛋白 IgG 的测定　分光光度法》（NY/T 2070）

《羊奶真实性鉴定技术规程》（NY/T 3050）

《乳与乳制品中非蛋白氮含量的测定》（GB/T 21704）

《乳与乳制品中嗜冷菌、需氧芽孢及嗜热需氧芽孢数测定》（NY/T 1331）

《乳与乳制品 5-羟甲基糠醛含量的测定　高效液相色谱法》（NY/T 1332）

《乳与乳制品中淀粉的测定　酶-比色法》（NY/T 802）

《乳与乳制品中多氯联苯的测定　气相色谱法》（NY/T 1661）

《乳与乳制品中 β-乳球蛋白的测定　聚丙烯酰胺凝胶电泳法》（NY/T 1663）

《乳与乳制品中蛋白质的测定　双缩脲比色法》（NY/T 1678）

《乳及乳制品中共轭亚油酸（CLA）含量测定　气相色谱法》（NY/T 1671）

乳制品生产技术标准

《食品安全国家标准　乳制品良好生产规范》（GB 12693）

《食品安全国家标准　粉状婴幼儿配方食品良好生产规范》（GB 23790）

《食品安全国家标准　特殊医学用途配方食品企业良好生产规范》（GB 29923）

《食品安全国家标准　巴氏杀菌乳》（GB 19645）

《食品安全国家标准　灭菌乳》（GB 25190）

《巴氏杀菌乳和 UHT 灭菌乳中复原乳的鉴定》（NY/T 939）

《食品安全国家标准　调制乳》（GB 25191）

《食品安全国家标准　发酵乳》（GB 19302）

《食品安全国家标准　炼乳》（GB 13102）

《食品安全国家标准　乳粉》（GB 19644）

《食品安全国家标准　乳清粉和乳清蛋白粉》（GB 11674）

《食品安全国家标准　稀奶油、奶油和无水奶油》（GB 19646）

《食品安全国家标准　干酪》（GB 5420）

《食品安全国家标准　再制干酪》（GB 25192）

《食品安全国家标准　乳糖》（GB 25595）

《食品安全国家标准　婴儿配方食品》（GB 10765）

《食品安全国家标准　较大婴儿和幼儿配方食品》（GB 10767）

《食品安全国家标准　婴幼儿谷类辅助食品》（GB 10769）

《食品安全国家标准　婴幼儿罐装辅助食品》（GB 10770）

《食品安全国家标准　特殊医学用途配方食品通则》（GB 29922）

《食品安全国家标准　特殊医学用途婴儿配方食品通则》（GB 25596）

《冷冻饮品　冰淇淋》（GB/T 31114）

《软冰淇淋》（SB/T 10418）

《食品营养成分基本术语》（GB/Z 21922）

《食品安全国家标准　辅食营养补充品》（GB 22570）

《食品安全国家标准　食品添加剂使用标准》（GB 2760）

《食品安全国家标准　食品营养强化剂使用标准》（GB 14880）

《食品安全国家标准　食品中真菌毒素限量》（GB 2761）

《食品安全国家标准　食品中污染物限量》（GB 2762）

《食品安全国家标准　食品中农药最大残留限量》（GB 2763）

《食品安全国家标准　食品中兽药最大残留限量》（GB 31650）

标签、包装、储运和机械标准

《食品安全国家标准　预包装食品标签通则》（GB 7718）

《食品安全国家标准　预包装特殊膳食用食品标签》（GB 13432）

《食品安全国家标准　预包装食品营养标签通则》（GB 28050）

《食品安全国家标准　食品接触材料及制品通用安全要求》（GB 4806.1）

《食品安全国家标准　食品接触材料及制品用添加剂使用标准》（GB 9685）

《包装储运图示标志》（GB/T 191）

《食品机械安全卫生》（GB 16798）

《生活饮用水卫生标准》（GB 5749）

图书在版编目（CIP）数据

奶业质量管控理论与实践／张书义编著 . —北京：中国农业出版社，2020.10
ISBN 978-7-109-27377-1

Ⅰ . ①奶… Ⅱ . ①张… Ⅲ . ①乳品工业－质量管理－研究－中国 Ⅳ . ①F426.82

中国版本图书馆 CIP 数据核字（2020）第 182445 号

中国农业出版社出版

地址：北京市朝阳区麦子店街 18 号楼
邮编：100125
责任编辑：周锦玉
版式设计：杜　然　责任校对：吴丽婷
印刷：北京通州皇家印刷厂
版次：2020 年 10 月第 1 版
印次：2020 年 10 月北京第 1 次印刷
发行：新华书店北京发行所
开本：880mm×1230mm　1/32
印张：7　插页：2
字数：196 千字
定价：49.80 元

版权所有·侵权必究
凡购买本社图书，如有印装质量问题，我社负责调换。
服务电话：010 - 59195115　010 - 59194918